筑造精妙

指尖上的中国

浅草 主编

浅草 著

中国少年儿童新闻出版总社
中国少年兒童出版社

北　京

图书在版编目（CIP）数据

筑造精妙 / 浅草著 . -- 北京 : 中国少年儿童出版社 , 2025. 1. -- (指尖上的中国 / 浅草主编).
ISBN 978-7-5148-9239-0
Ⅰ. TU-092.2
中国国家版本馆 CIP 数据核字第 2024L1Z852 号

ZHU ZAO JINGMIAO
（指尖上的中国）

出版发行：中国少年儿童新闻出版总社 中国少年儿童出版社

执行出版人：马兴民
责任出版人：缪　惟

丛书策划：	缪　惟　邹维娜	封面插图：	谢月晴
责任编辑：	邹维娜	内文插图：	M3ng
责任校对：	刘文芳	装帧设计：	yoko
责任印务：	厉　静	特邀审读：	王瑞坤

社　址：北京市朝阳区建国门外大街丙 12 号　邮政编码：100022
编 辑 部：010-57526333　总 编 室：010-57526070
发 行 部：010-57526568　官方网址：www.ccppg.cn

印刷：艺堂印刷（天津）有限公司

开本：720 mm × 1000 mm　1/16　印张：9.5
版次：2025 年 2 月第 1 版　印次：2025 年 2 月第 1 次印刷
字数：85 千字　印数：1—6000 册

ISBN 978-7-5148-9239-0　定价：40.00 元

图书出版质量投诉电话：010-57526069　电子邮箱：cbzlts@ccppg.com.cn

序

一片素心好成物

孩子对物是共情的。在他们的感觉中，一切事物都是带有灵魂的。我小时候不会对着镜子跟自己说话，但是，会对着一块石头、一棵草或一条河说很多很多的话。看到自己的橡皮变得越来越小了，我就开始跟“他”告别；捡到一片树叶，看见叶脉在阳光下抖动，也会问“他”是不是要死了。《当代》杂志徐晨亮主编的小女儿温婉可爱，在新疆乌鲁木齐与我们分别时，她给每一位老师送了一张自己画的小画。送给我的是一朵小花儿的简笔画，小姑娘告诉我：“这朵花儿很快就开了……”

成年人对物是有寄托的。“斑竹枝，斑竹枝，泪痕点点寄相思”，竹子的纹路激发了伤感；“记得小蘋初见，两重心字罗衣”，一件衣服惹起了万千的牵挂；“烈士击玉壶，壮心惜暮年”，李白的玉壶里有铿锵之声；“春咏敢轻裁，衔辞入半杯”，义山的诗情可以装入酒杯之中……

让孩子感悟物之趣，了解物之理，用自己的手做一件饱含想象力的器物，让身体感受在那创造性的瞬间迸发出来的欢欣鼓舞，这才是这本书所以鼓吹童心与物心相融通的题中之义。

多年来，浅草喜欢各种各样充满情趣的小物件。一杯清茶，她看见了世间温润的情怀；一壶生普，她闻见了苍云变幻的从容；她坚信扣碗倒出来的不仅仅是汤汁，还是可以与宋人同色的领悟；她觉得一件茶叶末釉的器具，饱含了神秘的情调和韵味。如果不是还肯对这个世界抱持一种人文主义的猜想，如果不是还肯对人维持一点儿善良纯粹的愿望，怎么会有浅草笔下万物雅趣的生动?

三分侠气能为友，一点素心好做人。英国有一句谚语说，人类可以造楼、造火车，只有大自然造出了一棵草。其实，人类还可以用大自然造一棵草的心来造自己。

让孩子学习一点儿匠心造物的知识，感受一点儿器物本心的光晕吧! 这不是让他们享受简单的孩童情趣，而是让他们长大后还有能力焕发孩童情趣，还有能力想象自己可以创造属于自己的世界!

周志强

南开大学文学院博士生导师，
长江学者，天津美学学会会长

自序

三十多岁的时候，我接触了传统手工艺文化，得以把自己当小孩重新养成，这令我在四十岁依然保持对万物的好奇心，有一个“好学生”的心态和动力。为了深入这份爱，我写书、读博、到处走访，生活中充满发现美好的欣喜和不断成长、进步的自信。此时的我，比十几二十岁时更具少年气。

希望孩子们也能从传统手工艺文化中获得这份内在滋养和动力，不是说都得“投身”传统，而是养成一种对事物、对世界、对人生的由坚实和诚恳构成的底层逻辑。许多现代科技的灵感都源自这些看似古老、简单的手工技艺，“指尖上的中国”这套书不仅能够帮助我们更好地理解科技是如何从日常生活中发展起来的，也能够让我们对劳动和生命有更多的尊重和敬畏，养成以探索、主动实践的习惯来对抗被投喂与被决定的命运。

现在的孩子一出生便是人工智能接管的生活，大数据算好一切供奉在屏幕上，手指点一点就自动投喂，容易让人忘了自己双手的伟大能力和思维意识曾经创下的奇迹：如何做投枪、渔网来打猎和捕鱼，如何用泥和水做成陶瓷水杯，棉麻植物如何变成衣裳，米面如何变成点心，木材如何变成高高翘起的屋檐……今天人类的知识更渊博了，对生活中万物的来历却更无知了。当专业和技能越发细分，人类方方面面的需求逐渐被科技和各种商业体系架空，我们的未来是否会以人工智能和大数据的逻辑来生成？

如此，推广传统手工艺文化的意义就更为深远了。我在编写这套书的时候，也自觉不要陷入怀旧主义，而是带入自己从学习、内化再到行动的经验，强调用双手造物的进程是如何塑造人、塑造人类文化的。

一门手艺，往往要从认识原材料开始。它产于何地？为何某地出产的原料会优于其他地方？然后是设定目标。要做成什么东西？要有什么形状？要不要有装饰图案？要有什么样的功能？在以往的文化体系中，有哪些可以算作“好”的标准？接下来是动手，采用一定的工艺去实现它。无论是捶打、编织还是雕刻，手上的技术都需要日积月累的训练，才能依据材质的属性，选择相宜的力度、角度去操作，做到手眼协调，大脑身心能和谐有机地配合自如。如果要使用工具，还要知道怎么设计和使用工具，要有借力的智慧，有解决问题的耐心，以及每一步都不能偷工减料和投机取巧的诚实，因为结果没有侥幸。另外就是心无旁骛的专注力和不屈不挠的持续力，追求精益求精，必须要有一定的意志力。如果需要其他人配合，还得有沟通能力和团队协作能力……马克思说，劳动是人的本质的对象化，一个人想成为一个什么样的人，几乎都可以在他的劳作中呈现出来。

手工劳动是一个塑造人格品质的漫长过程，而且最终将沉淀在对世间万物的感知里。

手艺的背后是人类生存的方法与技能，在方法与技能的背后是人对自然的了解，对人类需求的关怀与满足，是人类继承过去、创造现在和未来的万丈雄心。人的自我是在支配力的一次次有效释放及其反馈中建立的。人在利用自然、手工造物的过程中，不仅实现了人类的生存和发展，也逐步积累了经验和知识，确定了秩序、规则和方法，获得了判断力、尊严和自信。

最后，还要谈到爱。爱与深刻的理解有关系，爱的能力也跟见识、眼光有关系……对一件事了解得越深，爱的程度也越深，对自己和他人，对人生和世界的态度，也都根深于此。

浅 草

2024年12月于南开大学北村

目录

建造的发生

给人类最初的安全感

很久很久以前，我们的祖先是居无定所的。那时还没有发展出农业，人们靠采集和狩猎为生，过着被野兽追着吃或追野兽来吃的生活，只能找一些天然的山洞来躲避风雨。“上古之世，人民少而禽兽众，人民不胜禽兽虫蛇。有圣人作，构木为巢以避群害，而民悦之，使王天下，号曰有巢氏。”传说有人想到可以在大

原始巢居

树上搭建棚子，以躲避禽兽虫蛇的伤害，就像鸟儿们有了可以挡风的巢，于是人们把这个人称为“有巢氏”。“构木为巢”无疑是划时代的创举，被认为是人类从野蛮走向文明的分水岭。正因如此，在中国，有巢氏被誉为华夏“第一人文始祖”，排在燧人氏、伏羲氏、神农氏和轩辕氏之前，因为自有巢氏开始，人类不再需要四处游荡，而是可以用双手一步一步地搭建可供遮风避雨的居所，继而一点一滴地建构起人类文明。

实际上，即使没有一位伟大的“有巢氏”来指点人们，告诉大家可以用树枝、树叶等在树上搭棚子，等旧石器时代的人类受够了风餐露宿，而且大脑进化到了一定程度，一定会有人被鸟儿在树上筑巢的行为所启发，仿照着在树上用枝叶和干草建造出简陋的棚盖。晚上在棚盖下睡觉，可以不用担心野兽的侵扰和洪水的来袭，能够睡得更安稳。当然，住在树上并不是唯一的选择，《孟子》中有“下者为巢，上者为营窟”，意思是在地势低洼又潮湿的地方，适合在树上搭巢远离地面居住，地势高又干燥的地方，适合挖山洞居住。具体要选哪一种，要根据当地的环境条件来决定。也有人会选择夏季住巢，通风凉爽；冬季住穴，可以生火取暖。

后来，人们掌握了处理地面的技术，可以堆一层土，用脚踩实，再用火烧一烧，令土变得硬而平整，再用树干搭架子，修成小木屋或小草屋，比生活在树上要方便。就这样，人们能建造的房子越来越大、越来越好。

到了新石器时期，人类学会了耕种农作物和驯养家畜，找一个地方定居下来的愿望变得更加强烈，“家”也就出现了。

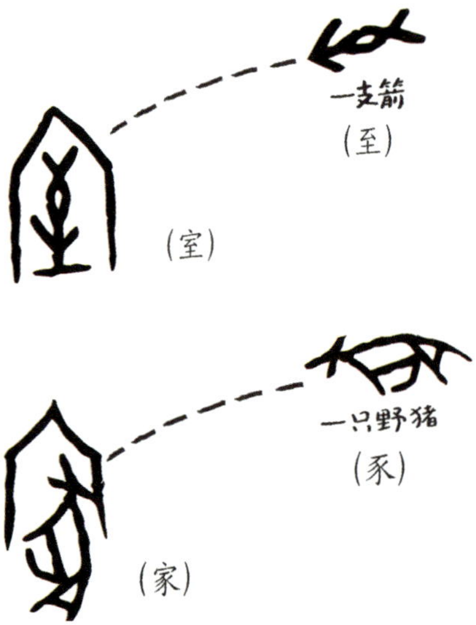

汉语是象形文字，由图画文字演变而来。借助3000多年前的甲骨文，我们可以探寻“家”的来历：首先，上面要有一个“顶盖”来遮风挡雨，然后两根立起来的“柱子”可以把“顶盖”支撑住，这样一个家的外形就完成了。不过，家还有它的内在含义。古人造字，将一支箭“射”到可以遮风挡雨的棚子下面，表示到达了休息的地方，成为“室”字；而一只野猪跑进了屋子，经过人类的驯养变成了家畜，于是不出门打猎也能有香喷喷的肉吃，这就是“家”字。固定的居所，加上充足的食物，给人类带来最初的温暖和安全感，这便是家的最初含义。

一个个最初的家组成了原始的氏族和部落，氏族和部落又发展为最早的城邦和国家。在不同地域的城邦和国家中，又发展出建筑风格各异的乡村和城镇。在几千年的发展过程中，中国古代建筑形成了丰富又独特的体系，这是人们通过不断尝试，借助劳动和智慧一点点积淀出来的结果。

劳动好理解，智慧体现在哪儿呢？古人要修建自己的居所，首先要对自己所处的气候环境有基本的认识，再考察这个环境里什么材料最耐用，选什么地方建、建造成什么样式最合适，这里的“合适”是个综合判断，比如房子既要住得舒适，还要坚固耐用、不费太多材料、建起来不要太难、外观要好看，等等，方方面面都要平衡的话，就需要合适的“智慧”。

中国人最常用的建筑材料是木头，中国建筑的基本结构也是根据木头的特性来的，用木柱子和横梁搭成架子，想办法让它们撑起屋顶。有了这个基本架构，就可以灵活运用了：在柱子之间砌上墙壁，墙壁上安门窗，就能隔出一个个房间；不加墙壁和门窗，只有柱子和屋顶，就是四面通风的凉亭；墙壁上没有窗，只设很小的通气口，那就成了仓库。由于广泛使用了榫卯结构，所以一些大型古代木建筑，在经过几百年后，还可以拆解后运到其他地方，再按照原来的结构拼装起来。这种木材的组合方式经过长期的考验，不仅能适应各种气候条件，而且具有一定的抗震性能，最终令木结构建筑成为中国古代建筑的主流形式。

中国的东部和南部靠海，地势较低，水系发达；西部和北部地处高原，地势较高，干燥多风。于是古人在建造房屋的时候往往会因地制宜。北方冬季寒冷，所以房屋门窗尽量朝南，便会有更多的阳光照射进屋内，但冬季仅靠阳光是不够的，还要加上火炕和厚墙壁，才能更好地保暖；而在温暖潮湿的南方，门窗朝南或者东南，在夏季就能享受更多来自南方或东南方的自然风。一些

木结构建筑——佛光寺

南方地区的房子为了适应多雨潮湿的气候条件，第一层只有柱子没有墙壁，形成一个可以通风的架空层，人们居住在二层，这样就能有效减少潮湿感，例如傣族的竹楼、苗族的吊脚楼、江南水乡的高脚楼等。傣族的竹楼还用竹子做出墙体，让房子更加通风透气。在石料资源丰富的地方，人们也擅长用石头造房子，例如福建平潭的石头厝、藏族的碉房等。在中国西北的黄土高原地区，利用黄土的特性，依山势开凿出来的窑洞，有着冬暖夏凉的优点，是最适应当地气候的居住方式。

傣族竹楼

福建石头厝

一开始，人们的建筑技术勉强只够搭出遮风避雨的草棚，渐渐地，人们能做出结实的土墙，能用木柱和木板做出或各自独立、或紧密相连的房屋。随着人们对各种建筑材料的熟悉，对各种建筑技术的掌握，华夏大地上出现了各式各样结构精妙的建筑：巍然屹立的宫殿和寺庙、瑰丽壮观的园林和气势磅礴的城市建筑群；还有规模宏大、耗时悠久的大型工程：横跨东西的长城和贯穿南北的大运河，这些都成了建造史上的奇迹。

在这个过程中，建筑的分类越来越细，不仅不同的房子有了尊卑等级上的区分，一个房子中的不同房间也要按照长幼的次序来分配。例如在传统的北方四合院中，老人、长辈等一家之主住正房，子女住在厢房，其中东厢房比西厢房在方位上要更尊贵，一般由长子居住。父子、夫妇、兄弟姐妹这些基本关系在家宅中都有清晰的方位安排。中国人常说的“家和万事兴”，就是指如果每位成员都在自己的位置上做到长幼有序、各归其位、和和美美，那么家族就会兴旺。

由此推及开来，国家是“家”的延伸和扩大。一国之君、皇亲国戚、官员大臣、平民百姓居住的地方，在方位、规模、屋顶、门窗、用色、装饰等方面，都有严格的等级制度。古人想要给自己造一座房子，就算他极其富有，又非常懂得设计和建造，在这些被严格要求的建筑细节上，也绝不能有超出自己所在等级的地

窑洞

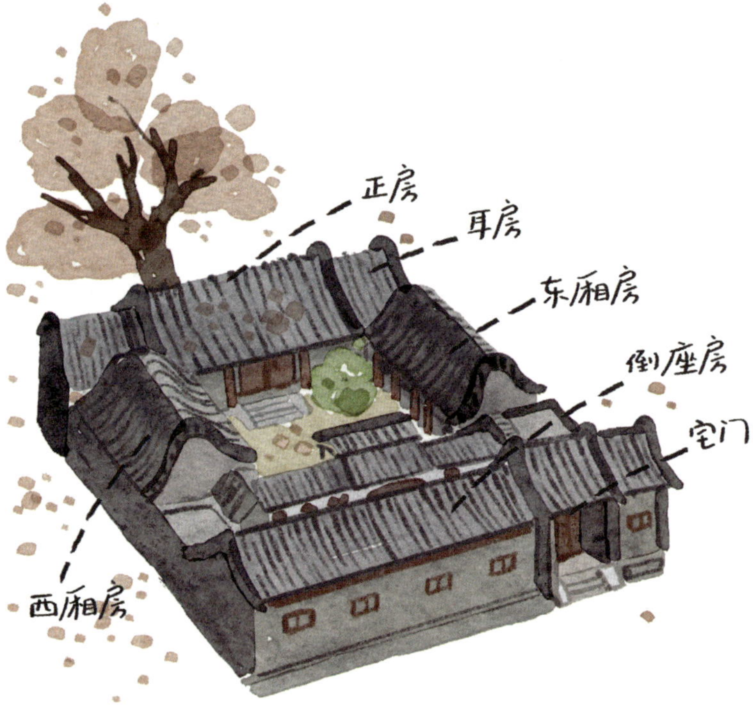

四合院

方，否则就是僭（jiàn）越，甚至会掉脑袋。所以，我们看中国的古建筑，不仅可以看建筑本身，也可以看到建筑背后体现的中国古代社会等级和儒家伦理观念，所以说，古代建筑是我们了解中国文化传统和历史演变的重要窗口。

指尖工坊

了不起的人文始祖

在上古传说中，有几位对人类文明的进步做出过巨大贡献的人，被称为华夏大地上的人文始祖。据说，他们分别帮助人类解决了下面这些基本的生活问题。

有巢氏：

指引人类在树上巢居，用树枝和树叶搭起最早的房子，一来能躲避洪水，二来能阻挡野兽的袭扰。

燧人氏：

教导人类钻木取火，有了火之后，人类才能够吃熟食，结束了茹毛饮血的历史。

伏羲氏：

创造了八卦，是中华文化中用来解释和推演世界万物相互关系的原始工具；结绳为网，教人们捕鸟、捕鱼；制定了嫁娶制度，开启了男女对偶的家庭生活；发明了陶埙等乐器，将音乐带入人们的生活。

神农氏（炎帝）：

采集上百种花草果实，放到口中尝试，研究它们的药性，发明了医药；区分出可食用的五谷：稻、黍、稷、麦、菽，并且教人种植；发明了最初的农具耒耜（lěi sì）。

轩辕氏（黄帝）：

统一华夏，大力发展生产；教人们制作衣裳，制造车船；开始建造宫殿。

土

历史悠久的基础材料

在许多大学里，都设有一门跟建造相关的专业叫“土木工程”，中国人也常常用“动土”或“破土动工”来指代建造工作的开始。可以说，土是古代建筑中历史最悠久、地位最重要的材料。

原始社会时期，人类的居住方式经历了从构木为巢或住进山洞，再到建造房屋的过程。新石器时期，人类开始建造地下或半地下的洞穴。为什么要建造地下或半地下的洞穴呢？那是因为人们发现，天然的地下洞穴冬暖夏凉，而且能躲避野兽的攻击，所以他们利用工具从地表往下挖出一个方形或圆形的穴坑住进去。在洞里生活一段时间之后，人们发现经常被踩踏的地面会越来越紧实，此外，人们意识到洞穴周围的土壁也可以做得紧实些，以保证安全和舒适。

考古专家发现，早期的地下洞穴一般深2米左右，为了防止碎土脱落和洞顶垮塌，当时的人类最先想到的方法是在坑壁周边插一圈树干或树枝当立柱，然后用细枝条和干草将这圈树干或树枝捆扎起来，抹上湿泥巴，干燥后就成了泥巴墙。在洞穴顶部也可以用类

半地穴式房屋（木骨泥墙）

似的方法搭设架子，铺上茅草层做成屋顶，这样做不仅令洞穴更加坚固，也减少了潮湿。

那么，如果转到地面上，能不能通过同样的方法制作出独立的墙壁呢？其实不难，常见的土由砂粒、黏土、腐殖质等物质组

嘉峪关的夯土城墙

成，中间有空隙，只要经过足够多次的用力捶打，土就会变得越来越密实，黏结力也越来越大，越不易散塌，可以根据需求做成特定的形状。用土在地上建房子，就不再是难题了。

人类有能力离开洞穴住在地面上时，喜欢把房子筑在高高的土台上，所以很多关于建筑的汉字，比如“堂”“墅”“堡”等都以“土”为底，说明这些建筑出现的时候，下面都有结实的土台作为地基。

中国人将这个打紧压实土块的动作和技术称为夯（hāng），上面一个“大”字，下面一个“力”字，表示这个动作要用很大的力气。几千年来，无论是规模庞大的宫殿或陵墓，还是延绵千里的城墙或防御工事，都需要修筑在坚实的地基上，这就要靠夯土技术。如果地基不够坚实牢固，房子也不会稳固，所以越是大工程，越需要厚实的夯土地基作为保障。

在中国，夯土技术的使用可以追溯到公元前5000年左右的仰韶文化时期。到了殷商时期，夯土造屋的技术已经非常成熟了。不过，在相当长的一段时间里，甚至一直到近现代，夯土的技术和工具都没有发生太大的改变。只是最早的时候人们借助木棒来夯土，后来人们在木棒一头安装石锤或铁锤来增加力量，如今，人们又借助了一些现代化的机械。在机器还没有出现的年代，夯土这一工程完全依靠大量的劳力。一户农民建房子，可能要动员全村人来帮忙夯土筑墙，如果是修筑宫殿或者城墙的地基，往往需要征集数千人甚至数万人。在秦朝的时候，中国人就能打出上万平方米的夯土高台了。就这样，古人凭着简单的夯土工具，靠着对土料的反复捶打，让没有钢筋水泥的中国古代建筑，也能经历千年的风吹雨打，成为一个个惊艳世人的建筑奇迹。

古人在打地基前，会事先勘察土壤的密实性、透气性和渗水性，确认基址后，便会通过夯实土层的方式为大型建筑的稳定性打好基础。最早采用的是素土，即就地取材的方法。先在原地挖出一个底部平整的大坑，用夯土工具将底部打紧实，然后将原先挖出来的土再分层填回去，一层一层地夯打。将原本疏松的黄土打紧打实后，就再填一层新的松土……如此往上累积。夏商周时

夯土做法

期，一般的地基至少要高出地面大约 1 米，所以原地的土填完后人们会去远一点儿的地方挖新土，用荆条筐等工具装好后一步步地运到工地。人们还发明了一些特别的夯土方式，并不是一堆人拿着夯杵乱打一通，比如有时会从外往里、从四周往中心打，有时会按照梅花样式，“一朵一朵”蔓延开去。为了缓解疲劳，夯土工们还会一起喊口号或者唱歌。他们有的是奴隶，有的是被征来当临时工的农民，有的是被处罚服劳役的犯人。他们劳动的痕迹，被留在层次分明的夯土地基中，几千年后的今天，我们仍能在一些古城遗迹中看见。

除了素土，古人在后来的营造中发现，在土壤中加入一些陶粒、砂石或石灰后再进行夯打，会得到强度更高、耐水性和防潮性更好的地基。从战国时期开始，人们已经可以在开阔的夯土台基上层层建屋了，土台本身也可以一层层往上累叠，底层面积最大，越往上越缩小。秦朝时期的阿房宫虽然没有建成，但从遗址来看，仍能发现阿房宫前殿的夯土台基就有两三级，高度有7~9米，面积达到50多万平方千米。还有著名的秦始皇陵兵马俑，作为一项地下工程，它的坑底也都全部进行过打夯处理。一号坑主体坑底1万多平方米的区域里就打了5~7层夯土，每层约8~11厘米。处理后的坑底可以防止湿气上升，预防土层下陷。

除了被用来打地基，夯土技术也被用来建造城墙等防御工事或建筑的土墙。建筑的“筑”字，最早就是指夯土筑墙这一动作。修建几米甚至几十米高的城墙时，必须修得规整、高耸。还有从春秋战国时期开始，各诸侯国流行在边境地带修建高大的长城，除了用一些石头，剩下的部分全都靠夯土。这时，就需要借助木板来定型夯土块了，这就是夯土版筑工艺。“版”在古汉语中可指“筑土墙用的夹板”，“筑”也可以指筑墙用的木杵或夯锤，这两个字完美概括了版筑技术的工具跟方法。

夯土版筑工艺

以修筑夯土墙为例，在确认好土墙的厚度、高度和形状后，安装好木头做的模板，一般是两块长条状的侧板外加起到固定作用的挡板、夹板等。确认模板的稳定性后，像堆积木一样，在模具内倒入处理好的松土，大力夯打多遍以后，土层就会变紧实。这样一层一层地添加，直到夯土高度与模板持平时，就把模板拆开，再在高度上或长度上沿着做好的部分做平行移动，继续围装筑板，填土夯打。夯打的顺序一般是从外到内沿回字形进行，尽量保持各处受力均匀，而且边角处要夯打得更充分，以确保拆板后墙面平整美观。如此层层累叠，最终制成十几米高的土墙。

为了提升夯土墙的坚固程度，人们会在土料里加入一些碎碎的砂石、石灰等；为了增加墙体的韧性，还会在土料中加上一些糯米汤作为黏合剂，就像旧时贴春联用的米汤。有些城墙里还会填充一些竹丝、竹片等，给土墙装上“筋骨”，就像现在水泥墙里的钢筋一样。

从汉代开始，民间建筑开始普遍采用夯土筑墙的技术。这种做法一直被中国人传承下来，直到今天，我国一些地区仍在使用这一技术。由于土质的墙体可以很好地阻隔热量，在暴晒前后，不会像水泥墙那样大量地吸热和放热，可以帮助室内温度保持恒定，在冬季，土墙还可以很好地阻断室外寒冷气流的侵袭。所以在古代，即使没有空调和暖气，有庭院绿化和夯土建筑这两大法宝，古人的日子也不是那么冷热难挨。

在事事都需要人力的古代，夯土墙就是“大力出奇迹”的最佳诠释。我国广东、福建等地保留的大量的土楼民居，就是夯土建筑的代表性奇迹。尤其是福建龙岩、漳州等地还留存着上千幢始建于宋、元、明或清的土楼，它们呈现或圆或方的形态，如珍珠般散落在闽西南的青山绿水间。

土楼的建筑用土往往是就地取材，做成圆形或方形是为了防御外敌攻击，大门关闭后，土楼的墙壁就相当于一个封闭的城墙，家族内的十几户人家可以安全地住在这个独立空间里。土楼的外

福建土楼

墙有1米多厚，墙中有竹片、杉木作为“墙筋”以增强整体坚韧性，有的还在夯土中加糯米、红糖水以增加黏合度。土楼内部可以沿墙搭建一整圈房子，修成四五层高的楼都不成问题。

厚重的土墙不仅可以有效地抵御外敌侵入，而且土块本身有透气的性能，可以调节土楼内部房间的温度和湿度，像“自然空调”一样适应山区潮湿的气候，成功地营造了楼内冬暖夏凉的环境。此外，土楼还是一种非常原始又科学的生态建筑，它的原材料是土、木、石、竹等，这些材料既可就地取材又可重复使用，原本就来自大地，即便土墙倒塌、木材腐朽，最终又会回归大地，体现了人与自然的和谐统一。从2006年开始，福建龙岩、南靖、华安的客家土楼营造技艺已经被陆续纳入国家级非物质文化遗产名录。这种独一无二的民居形式，正作为中国传统民居的瑰宝之一被很好地保护起来。

指尖工坊

怕“水”的夯土墙

夯土墙的材料特性，使其对水分比较敏感，所以夯土墙的耐用性和稳定性，很大程度上取决于墙体抵抗水分侵蚀的能力。如果夯土墙长时间受到雨水的冲刷和浸泡，它的结构和强度可能会大打折扣，从而导致开裂或塌陷，影响其防御和居住功能。

所以，古人在建造时，也会采取一些措施来减少雨水对夯土墙的影响。例如，设计较大的防水檐，对重要位置进行砖块包裹等。但古代制砖的成本较高，在明代以前，通常只有皇宫的城墙、重要的城门等位置才能有这种配置。

同时，在建造夯土墙的时候，古人也会对质量进行控制。比如，会用枪或锥子进行扎试，如果夯土墙筑得足够紧实，应该能够抵抗住这一力量，如果质量不过关，相关的建造人员就要受到惩罚了。

也许是因为有着这样的质量管理措施，如今，在我国一些地方，仍然留存着有着百年甚至千年历史的夯土城墙。

木

搭起精巧的结构

一座东方的古代宫殿和一座西方的中世纪城堡有什么不同？一座中国的古老寺庙和一座欧洲的古老教堂，又有什么不同？

最显而易见的答案是：一个是用木材、砖瓦建筑的，一个是用石材建筑的。以木结构为主是中国传统建筑的最大特点，并不是中国缺少石材，也不是中国人不善利

河姆渡文化的干栏式建筑

用石头，无论是古代宫殿的台基、栏杆，还是古代园林的装饰，还有保留至今的石板路、石拱桥以及结构复杂的陵墓，到处都能见到中国人对石材的精妙运用。但在几千年的时间里，中国人更喜欢住在用木头搭建的房子里，对带着自然气息的木材有着深深的感情。

在原始人类只有石头制成的工具时，去砍一棵树得到木材要比修整另一块石头得到石材容易。人们从树的造型得到启发，想象木造的房子也要像大树的树冠一样，有一个大大的屋顶来遮风挡雨。一根树干不容易撑起来，那就用很多根树干围成一圈，搭成一个架子，上面支撑屋顶，下面连接结实的地基，四周用土、木或砖做成墙壁围拢，内部再用墙壁分隔出一个个房间。

这个基础的木结构后来被运用到生活的方方面面，在中国人的桌椅、柜子、衣橱上，都能看到类似的木材框架以及连接方式。古人乘坐木制马车，可以看成是加了抬杠、安装上轮子的小木房子；古代的船只，就像是漂浮在水面上的木房子……木头虽然没有石头坚硬，但在几千年的时间里，中国人用它盖房子、做家具、造车船，在木头房子里的木桌子上吃饭，在木床上睡觉，而且房前屋后还要种上一些树，夏天好在树下纳凉。可以说，是木头支撑起了中国人的家园。

伐木呼呼斧声急

“储上木以待良工”，中国的木作从材料开始就大有讲究。一棵树要长几年、十几年甚至几十年、上百年才能成为好材料。一些地方的祖辈、父辈甚至会为儿辈或者孙辈提前种好树，储备好未来要用的木材。等儿子、孙子成家后，他们的房子就建在祖辈、父辈旁边，这样一代一代繁衍，慢慢形成了我们以家族为单位的村落分布。

在新石器时代，原始人类已经会用石头磨制出更锋利、更好用的斧子、铲子和凿子了。将它们钻孔、装上手柄，这样即使更粗壮的树干，也有了被砍断和加工的可能。将这样的树干做成柱子支撑起草泥覆盖的屋顶，再加上一圈围墙，人们就搭建起了原始的土木建筑。

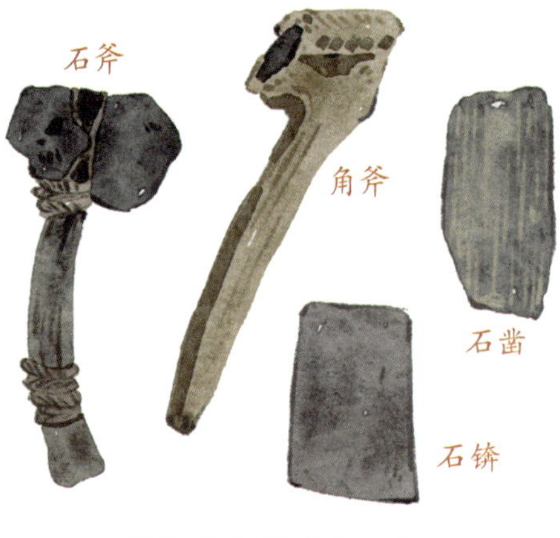

原始社会的砍伐工具

从此，伐木成了一项重要工作。尤其是修建宫殿等大型建筑时，往往要用上千根木材，当时并没有机械化的工具，伐木和运输木材只能靠很多人的集体合作劳动。

在树根以上选好一个位置，持石斧从上往下斜砍，劈进树干，拔出石斧后再垂直于树干砍一斧，这样就能砍下一块木片。像这样重复挥动斧子砍伐，伴随木屑一片片飞下，树干的砍口便会渐渐扩大。古代伐木有“尺木三寸口”一说，即围长一尺（约33厘米）的树，可砍三寸（约10厘米）的口。砍口太大，浪费木料；砍口太小，又难以砍到树心从而令树顺利地倒下。在石斧不够锋利耐用的时候，人们会先砍一个半深的砍口，然后放上燃烧的木炭，利用火力把树烧断。到了商代，人们学会了铸造青铜器具，到了战国时期，人们又学会了锻造铁器，有了青铜斧尤其是铁斧之后，伐木的效率大大提升。可以两个人为一组，分别站在树干两边，一人一斧地轮流砍下去，砍出越来越深的沟槽。不过砍伐不能只靠蛮力，还要讲究角度和技巧，很多树都有巨大的树冠，毫无预兆地突然倒下来很可能会伤到人或其他植被，所以砍伐不能一直四周均匀用力，要注意树的倒向。当树被砍到摇摇欲坠的时候，要以人力去推或拉作为引导，令大树倒向设定的方向和位置。而且，如果树木长在山坡上，一般也要往山坡上方拉，令树冠朝着高处倒下，而不至于整根木材滑落。倒下来的树要去掉树枝，过长的树干还要截成一定长度的原木。

最早的时候砍树和修整主要靠斧子，相传，春秋战国时期的发明家鲁班发明了锯子，极大地提高了人们处理木材的效率。一天，鲁班爬山的时候，一不小心被带刺齿的叶片划破了手臂，他很惊讶，一片叶子竟然也可以这么锋利。这件事启发了他，他想，如果铁片也做成带刺齿的模样，用它来伐木，会不会比斧子更省力呢？他找来铁匠，制作了一批带锯齿的铁片用来锯树，果然，不仅工作效率提高了，而且切口也更加整齐。

除了锯子，像墨斗、刨子、水平仪等木工工具也都被认为是鲁班的发明创造，于是，鲁班也成了中国传统土木工匠的祖师爷。

从山上的树木到工地上的木材

把分散在山上的原木运到建筑工地上去，也是一个难度很大的工程。比如明朝修建北京紫禁城时，用到的大部分木材都是生长于千里之外的西南山区的优质楠木、杉木等，为此，朝廷专门派了官员亲自到深山老林中组织和监督采木工作，招募有经验的斧手采用定向拽曳技术将高大的树木伐倒，再进行去顶、截根等初步加工，修理成木方，以适应辗转千里的运输需要。

伐木这样的事，古代人也喜欢按时令来做。一般会选择冬季上山砍伐，因为这个季节伐木不会耽误农活，而且冬季树木不容易生虫。刚砍下的木材含水量还很高，不能马上用于建造，要放一段时间来自然干燥。如果山林里条件允许，砍下来的木材会先堆放一段时间，让水分自然蒸发。

一根大型的楠木长达20多米，直径有1～2米，这样沉重且巨大的木材翻越重山、涉过万水，最终运达北京城，要用到各种交通方式。其中，最重要的一条便是水运。在这样一个超级大工程开工前，需要先修好人工运河，让它们和长江、淮河、黄河、海河等天然河流相连接，形成顺畅的水运网络。经过粗加工之后的木材，要想运出深山，首先要借助溪水。由于水道崎岖、砾石遍布，所以要等到雨季溪水泛涨的时候，将木材滚进水流，用绳子或竹藤编成木筏，一路顺着水流漂送，人们管这种方法叫“赶羊流送”。规划好路线后，沿路会有专职人员值守，核查木料搁浅和丢失状况，在河道分岔口做好拦截和拽运工作。这样，一根根大型木料从各个伐木点漂入大江大河，被输送到大运河北端专门用来暂存木料的皇木厂（在今北京通州张家湾），再用专门运送木料的大车运到工地。陆运一般在冬春进行，因为夏季雨水较多，道路泥泞，对运输不利。

由于水道各段的地势变化较大，在逆流的水段输运木料时，官府还会征用军士或民夫拉纤拽运。意大利传教士利玛窦于明万历年间来华，在行记中也记录下他看到的中国式木材运输法："经由（京杭）运河进入皇城，他们为皇宫建筑运来了大量木材，如大梁、高柱、平板。神父们一路看到把梁木捆在一起的巨大木排和满载木材的船，由数以千计的人非常吃力地拉着纤沿岸跋涉。其中有些一天只能走五六英里（约八九千米）。像这样的木排来自遥远的四川省，有时需两三年才能运到首都。其中有一根梁的价值就达3000金币之多，有些木排则长达两英里（约3千米）。"

采运回来的木材，要根据树种的特性来决定它在房屋木结构中的位置和角色。比如柱子和横梁要担负起主要重量，金丝楠木是上选，可它属于名贵树种，需要至少50年才能成材，价格高昂，也只有紫禁城这样的顶级皇家建筑才能奢侈地在全国范围内采集几百年的金丝楠木，老百姓只能用柏木、杉木、香椿木等，这些也是比较好的承重木料。

紫禁城太和殿里的72根立柱都是用金丝楠木制成的，其中最大一根直径有1.06米，高12.7米。太和殿建筑面积达2377平方米，是整个紫禁城里最大的殿宇，而支撑着这个庞然大物的主要力量便来自这72根立柱。

即便楠木和杉木本身坚硬耐腐、不易生虫，但作为建筑材料，人们希望它们能屹立百年甚至千年而不倒，这就需要对木材做一些特殊的防虫和防水处理。先是在去皮并切割好尺寸后，在原木表面及断面刷上一层桐油，晾干后再使用。接着是在建成后，在木材表面涂上一层大漆，这样就给木材披上了一层“保护膜”，不仅水汽不能进入，蛀虫也不能生存。此外，在立柱跟地面接触的地方，要先铺上地砖，再用石头做柱子的基座——柱础，这样也能很好地将柱子与潮湿的地面隔离开来，防止木头腐坏。

柱础

斗拱：榫卯技术的集大成者

在与木头打交道的过程中，中国人始终对木头抱着尊重的态度。在对待木材时，多是遵循它们本身的特性加以利用。比如木头与木头的连接，不是简单粗暴地用钉子钉死或用胶水粘牢，而是用在一定程度内可以活动的榫卯结构，允许木头随着环境、温度和湿度的变化有一定的热胀或冷缩，这样作为一个整体的木结构反而更有韧性，能在地震发生的时候通过变形来抵消来自各个方面的冲击力，减少对承重结构的伤害。

这种灵活的榫卯结构，是中国古代建筑的主要结构方式。而且这样组合起来的木房子也很方便维修和搬迁，哪里坏掉了，就把哪里拆下来修一下、换一下，甚至整个房子都可以拆解后换个地方，再重新拼装回去。为了更好地实现这种维修和替换，古代建筑的设计者和修建者需要遵循一定的尺寸标准，比如什么规格的柱子配什么规格的房梁，柱子高度与直径的比例等都有一定的规则。宋代编修的《营造法式》一书，就详细规定了各种建筑的设计和施工标准，还仔细说明了用料和工艺以及包括木作、石作、瓦作等在内的图样，对后世的建筑产生了深远的影响。

说到建筑的木构件，就不得不提斗拱。斗拱是中国古代建筑上特有的，集榫卯技术之大成的特殊构件。《诗经》中的“如鸟斯革，如翚（huī）斯飞”，就是形容由斗拱和曲面屋顶共同构成的“斗拱飞檐”。

斗拱是怎么出现的呢？房屋面积越大，屋顶也随之变大。以木结构为主要特征的古代建筑不仅要承托巨大的屋顶，还要让屋檐尽量向外出挑，以保护内部的木梁不受雨水侵袭。这时，斗拱就应运而生了。斗拱位于屋檐下的柱头与横梁之间，上部的荷载通过斗拱传递给柱子，再由柱子传到地基，所以，斗拱在受力构件中起着承上启下、传递荷载的作用。

斗拱的形态在秦汉时期就有萌芽，直到隋唐时期，斗拱的结构已渐趋成熟。从宋代开始，斗拱的形态越来越精致，装饰功能也逐渐增强。总的来说，斗拱的演变经历了由简到繁、从雄壮到纤巧的过程。到了明清两代，斗拱成了建筑等级的标志之一，越高等级的建筑，其斗拱就越繁复精美。

斗拱的构件数量繁多，构造复杂，制作费工费时，是木工活的重中之重。在宋代的《营造法式》和清代的《工程做法则例》这两部官方建筑工程专书中，都将斗拱列入大木作的重点。

斗拱由斗和拱这两个主要构件组成：方方正正、形似米斗的是斗，长条状、似弯弓的是拱。除此之外，还有升、翘、昂等。升，与斗类似，但比斗要小，是用来承接上层拱的基座。翘，形式与拱类似，只是放置时的方向与拱垂直或与拱成夹角。昂，是斗拱中的特殊构件，有一端明显更长且向下斜垂。

斗拱的搭接方式在本质上也是一种榫卯：斗中间有个凹槽，槽内放置拱，拱两端的凸起处再放置斗，如此由下至上、交替反

斗拱组成

复，构建起一攒完整的斗拱结构。昂永远位于斗拱的前后中心线，方向也是固定的，通常尖端靠外且朝下。

斗拱的形制复杂，有众多分类。一般可以按照斗拱在建筑物中的位置分为外檐斗拱和内檐斗拱，其中，外檐斗拱又可分为柱头斗拱、平身斗拱（柱间斗拱）、角科斗拱（转角斗拱），其中，转角斗拱的结构最为复杂。

斗拱作为传递荷载的构件，其内部是相互咬合的关系，和其他的榫卯结构一样，每层仍留有一定的活动空间。在面对大风、地震等水平力作用时，木材之间产生一定的位移和摩擦，从而吸收和损耗部分能量，起到调整变形的作用，这就大大增强了建筑物的抗震性能。作为世界上现存的最大规模的木质结构古建筑群，600年来紫禁城一共经历了超过200次地震却仍岿然不动，也是归功于运用了丰富的斗拱连接和榫卯结构。

层层叠成的斗拱，既承载着建筑的重量，又赋予了建筑独特的美学，其背后所蕴含的工艺精巧之美，不仅仅在于本身华丽的外观，更在于从每一处细节中流露出的匠心。

随着岁月的流逝，以木结构为特征的古代建筑依然屹立不倒，见证着历史的变迁。它是中华民族几千年智慧与艺术的结晶，成为中国乃至世界建筑史上一道亮丽的风景线。

指尖工坊

木房子的三种“骨架”

从木结构的特征来看，中国古代建筑的“骨架”有下面三种搭法。

一是井干式：将圆木或方木在四边层层累叠起来，木材堆叠的四个转角处，就形成了“井”字形的咬合，这是一种原始而简单的木结构，比较费木材，现在已经很少见到了。

二是穿斗（dòu）式：用穿枋把立柱串起来，形成一个稳固的立面，再在一个个沿进深方向排布的立面上搭上檩（lǐn）

井干式

穿斗式

条，檩子上面放一排排支撑屋面的椽（chuán）子，椽子上搁瓦片。穿斗式的木结构立柱排列密集，空间不够开阔，我国南方的一些民居多采用这种形式。

三是抬梁式：在立柱上方加横梁，让横梁来帮忙承担檩的重量，长长的梁上面又可以安短柱，柱上可再叠加横梁，这样层层累叠，构成了高大空阔的屋顶部分。这样地面也不需要密集的柱子，房间更通透了。这种结构方式可以满足扩大室内空间的要求，是宫殿、坛庙、寺观等高等级大型建筑物所采取的主要形式。

抬梁式

虽然，抬梁式的“梁”和穿斗式的“枋”看上去都是与立柱垂直的横木，但梁是放在柱头的，可以承担檩传下来的重量，而枋是为了穿起立柱，起到连接作用，并不承担重量。

石

提供稳固的保护

石头和土、木一样，都是大量存在于自然界的天然建筑材料，天然的岩洞曾是原始人居住的首选，它坚实可靠，还为原始人提供了用矿物颜料作画或记录的石壁，令壁画成为比文字更早的原始生活记录。

当人们离开洞穴建造房子的时候，也同样想到了石材。相比石材，木材更加易得，结构灵活，是古代建筑中比较活的那一面；而石材坚硬，还有着防火、防水的特性，就成了为古代建筑增加稳定性、牢固性和持久性的那一面。

不过，大部分石材体积巨大，质地坚硬，又被埋在土层和植被下，在被广泛利用之前，面临着开采和加工上的考验。所以，最早被利用的是自然界中容易获取和加工的石头，比如溪水边或河岸上，那些已经被水流冲刷过的大大小小的石块，只要捡回去就好了。如果要修整成特定的形状，只需要进行简单的打磨。从考古发现来看，夏朝和商朝时期的宫殿已经想到将天然的砾石或卵石垫在木柱底部，用作取平和防潮的柱础了。

从战国时期开始，石基和石阶成了宫殿等大型建筑必不可少的结构；秦汉时期的古长城除了采用夯土工艺，也用到了大量的石料；汉武帝命人在著名将军霍去病的墓前制作了石人、石兽等大型石雕；从汉朝开始，墓穴也普遍使用石材搭建……这些都证明从很早的时候开始，尤其是在汉代，已经想到办法来大规模开采石料了。

艰难的采石工程

在汉代，最先进的工具可能是铁器。可以想象一下，假如给你一把铁锤或凿子，你能像古代人那样采来巨大的石头吗？可能很难，因为除了工具，更需要在实践中总结的智慧，古人就探索出了一些开采石料的土办法。

一是架火焚烧。在石头表面烧柴火，烧热后用冷水泼洒在石头的关键点和薄弱处，利用热胀冷缩的原理，让岩石在冷热激变中产生裂缝，再用木楔子或其他工具打入裂缝，使得大块石料脱落。

在冬季，也可采取往石缝

霍去病墓前的石雕

里灌水的方式，等水结成冰，体积膨胀变大，石头就会裂开，石料就脱落下来了。

火药是我国的四大发明之一，除了被用于烟火表演和军事，在开采石料方面也曾大显身手。在明朝时，人们对火药的使用已经很有经验了，很多地方现在还能看到古人用火药爆破法开山取石的遗址。爆破法先要在巨大的岩石块上钻眼，即沿着设计好的断裂线，用铁凿打一排洞。在洞里灌入用木炭、硝石和硫黄细末混合而成的火药，洞口捣实填封后，留出导火索，点燃后火药爆炸，岩石开裂。这种火药的爆炸威力相对较小，不至于将岩石炸成粉末或者大面积破坏岩石的结构，适合开采大块石料。

但是火药的配比全凭经验，引爆环节又不容易控制威力，一不小心就会造成人员伤亡，所以古代人民一方面为雄伟庞大的建筑奇迹感到自豪，一方面又痛恨统治阶级不停地大兴土木，因为建筑工程的每一个环节，都

需要劳动者付出巨大的辛劳，甚至生命的代价。

清代的胡天游写过一篇《伐石志》，描写了深山里的采石场面：几十到几百名采石工在大山里勘察岩石的走向和分布情况，挖去石块外层的土和植被，轮流使用火烧、浇水、爆破等方法，甚至还要搭云梯，在悬崖峭壁上悬挂重物，然后横向锤击石块，如果云梯断裂，采石工也就凶多吉少了。而且当采石坑持续被开凿，还有涌水的风险。

任务艰巨的巨石运输

石料开采好了，但它比木材重得多，没办法顺水漂流，那要如何运送到工地呢？以紫禁城为例，整个宫殿除了木头，用得最多的材料就是石头，台基、栏杆、地面……还有许多雕刻精美的抱鼓石、柱顶石（柱础），其中最大的一块便是保和殿后的丹陛石，长约17米、宽3米、重约250吨，是由一整块巨大的汉白玉石做成的，上面雕刻了海水江崖和飞云等图案，九条腾飞的巨龙穿梭在云间。太和殿前和保和殿后的两组云龙阶石，在几百年间，都是皇帝专用的御路，皇帝乘坐轿子从上方经过。

这块石料是从北京房山的大石窝运来的，虽然不像木材那样

来自千里之外的深山老林，但是在没有大型运输机械的古代，运输这样上百吨的石料依然是个大型工程。古人集思广益，想出在运输道路沿途挖井的法子，等到冬天天气寒冷，负责运输的先头部队从井里汲水，泼洒在路上，使路面结冰，令工人和骡马可以拖拽着承载有巨石的木架在冰面上滑行。但是纯冰面的滑行效果并不是最理想的，如果在冰面上再泼水，就会形成一层像润滑剂一样的水膜。于是，那时的工人在运输过程中还要在冰层上倒水，保持木架与冰面之间始终有一层薄薄的水膜，这种运输方式也被称为“冰船”，它比用传统的木撬或滚子更加省力，并且更适合北京的气候环境。据说这块重约250吨的丹陛石，从房山运到京城，动用了两万多名民工和上千头骡子，一路拉运了10多天。如果要在夏天运输石材，就只能在路上铺滚木，利用木头滚动的推力，将石块慢慢运到目的地。

由一锤一凿撑起的石作

取得石料之后，匠人们要运用各种工具对其进行加工，才能进一步应用到建筑中去。中国古代把石料加工和制作的技术称为“石作”。按加工的精细程度，石作还可分为加工石料的大石作和雕刻石料的花石作。宋代《营造法式》中总结过，从初步劈凿掉大大小小的突出部分，到表面凿平、四周修棱角，再到细致地打磨，石作分为大大小小多道工序。例如，如果要把大块石料分成小块，就要先用铁凿和斧锤凿出一条细缝，然后把一些铁楔子间隔着打入到细缝中，再持续敲打楔子，石料就会沿着细缝裂开。无论是粗工还是细工，整个石料加工过程就是一锤一凿由手工完成的。

古人的石作工艺一方面是为了功能的“工”，一方面是为了装饰的“艺”，而且古人在“艺”这一方面花的功夫超乎我们的想象，至今我们依然能在古代建筑中见到利用平雕、浮雕、透雕等手法

各种望柱柱头

雕刻出的各种题材丰富、形态各异的石雕作品。在汉代，因为冶铁技术的发展，有了高硬度的铁凿、钢凿，石雕技艺也开始飞速发展，出现了生动、精美的画像石和陵墓石像。即使在民居中，作为门鼓、柱础的石头，为了达到装饰效果，也会雕刻简单的花纹和线条，有的还会刻一些瑞兽祥云、吉祥花草等带有美好寓意的图案。若是皇家宫殿或贵族宅院，石雕的内容和纹样就更加繁复精美了，除了花草植物、几何线条，还有代表皇家贵族的龙凤图案，以彰显权威与高贵。

加工好的石料可以用堆砌的方式互相连接，形成石墙或石桥，交接面用石灰和米浆混合而成的灰浆黏合，一些大石块则要借助铁钉、铁环或铁链才能连接牢固。

找一找古建筑里的石头

提到古建筑里的石头，首先想到的也许是和木材搭配出现在建筑里的部分，比如宫殿的台基。之前我们讲过，为了给上方的建筑结构提供稳固的支撑，同时防水避潮，需要先砌筑一个平整坚硬的底座，即台基。最早人们用夯土来做台基，随着石材开采和加工技术的成熟，人们开始用条石将土台包砌起来，形成石台基。大型的建筑会建好几层台基，以突出建筑的高大巍峨，体现主人的地位和权力。台基的四周一般也会有石头做的栏杆，栏杆是石作匠人发挥技能的舞台，在栏板和栏板之间的望柱头以及栏板之下、台基外侧的“喷水兽”——螭（chī）首上，都可以看到各种精雕细琢的图案。另外，对于木结构的古代建筑来说，承托和保护立柱的理想材料当然也是石头，那些巍然屹立的高大木建筑，普遍都有石头做的柱础在提供稳定性上的支持。

也有一些建筑，古人希望能够恒久保存，于是用石头单独来建造，比如墓穴、牌坊、佛窟、佛塔，似乎只有石材才能承载人们永恒的精神寄托。

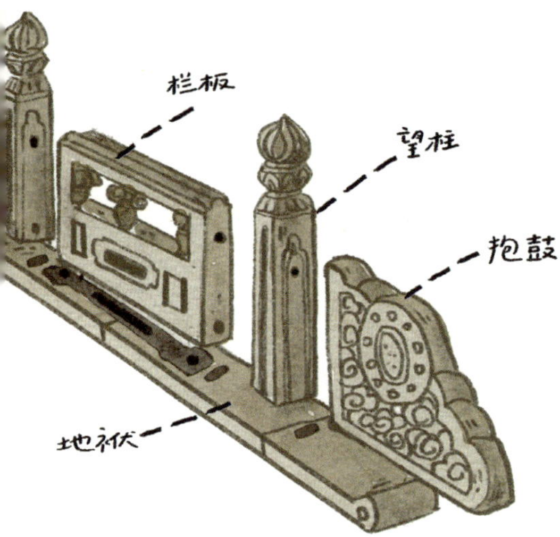

带抱鼓的栏板柱子

石材还被古人用来建筑石桥，比如著名的赵州桥。赵州桥又叫大石拱桥，始建于隋朝，横跨在河北赵县的清水河上已经有1400多年了。这座桥桥身全长60多米，宽约9米，大大的拱形桥洞下可以行船。隋代的匠师李春还在大拱的两肩上，设计了两个小拱，不仅令整个桥型均衡对称，还可以在汛期增加排水面积，有利于泄洪。这样既节省了建筑材料，还增强了抗灾能力，使它能在经历一次次洪水和地震后，仍然屹立不倒。这样“敞肩拱”的结构形式，在世界桥梁当中都是首创，体现了当时

的中国已经掌握了卓越的设计能力和高超的修筑技术。

建造这座桥所用的石料，平均每块有1吨重。要让它们紧密地结合在一起，还要形成轻盈的拱形空间，在没有起重机和吊车的时代，古人是怎么做到的呢？

李春选用了特别的石料和石料砌法。他把石料裁成长方体的块状，在六个面都凿上细密的斜纹，使石块在黏合剂的帮助下能相互咬合扣紧。在最重要的桥拱部分，28道独立的拱券像28条并列的弧线（实际上每条“线”有30厘米左右粗）组成了一个有机的整体。这样，每道拱券各自独立，损坏了还可以独立修缮。为了加强各拱圈之间的横向连接，设计者也采用了一系列办法，包括每道拱券向里倾斜、相互挤靠；设置横穿28道拱券的铁质横梁；在拱券之间的相邻石块上还设有加固连接的腰铁。

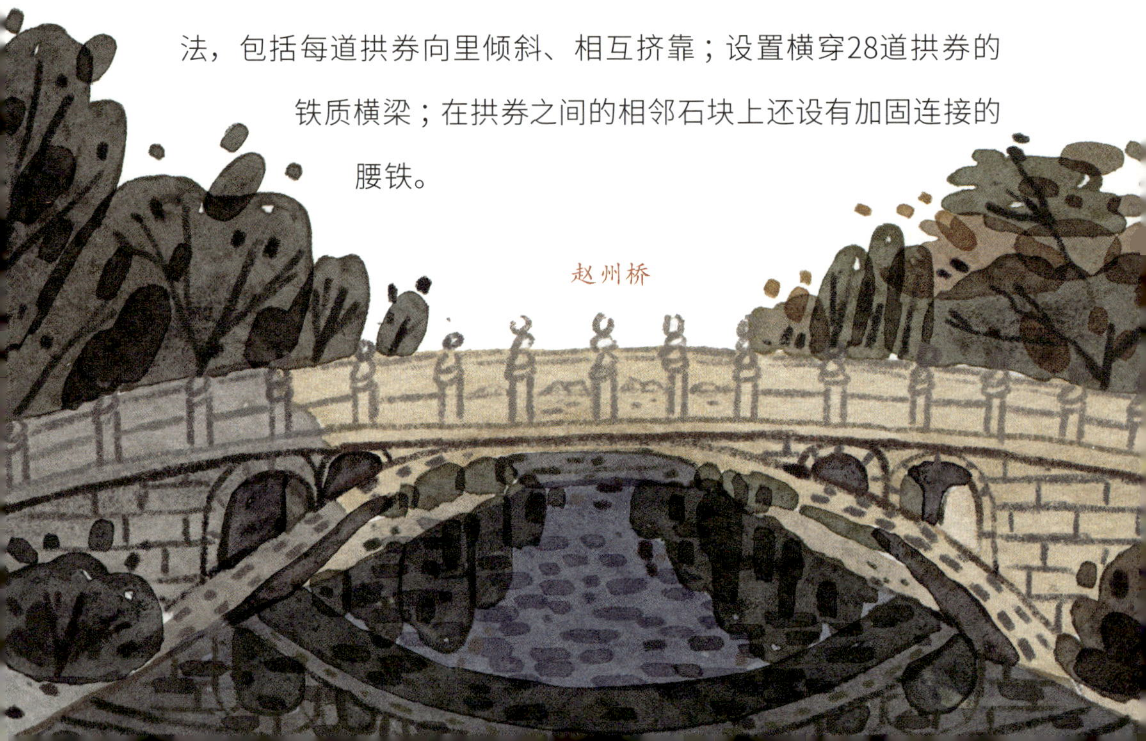

赵州桥

最后，设计者还在桥面两侧的石栏杆上，留下了许多雕刻精美的栏板和望柱，各种鸟兽图案线条流畅，刀法苍劲有力，成为了解隋唐时期雕刻艺术的宝贵资料之一。

虽然中国古代建筑最有代表性的特征是木结构，但实际上，石材几乎从未在中国古建筑中缺席。从原始社会起，人们就开始利用石头，将它的坚硬化作人类改造世界的力量。后来，石头作为人类建设家园的材料，在建筑中扮演着越来越重要的角色，同时也体现着中国古代建筑技术的发展。而且，石头沉静恒定的气质，也承载了古代工匠对于建筑稳固长久的热切期盼。

指尖工坊

石料的因材施用

中国古代建筑中常见的石料有花岗岩、大理石、汉白玉、砂岩、青石等。

花岗岩：质地坚硬，抗压性好，适合做成建筑的台基、阶条石、地面等。但花岗岩石纹粗糙，不易精雕细镂。

大理石：产自云南大理的带有黑色花纹的白色石灰岩，剖面仿佛是一幅天然的水墨山水画。大理石磨光后非常美观，多用于古代建筑的装饰。

汉白玉：汉白玉就是白色的细粒大理石。汉白玉洁白晶莹，较为名贵。由于质地坚实又细腻，常用于宫殿建筑的装饰。如紫禁城里的石栏杆、石狮子、须弥座等，大多使用汉白玉，素雅大气。

砂岩：可塑性强，不易风化，多用在古代民居中，作为墙体、柱础、拴马石等石部件的材料。

青石：质地较硬，吸水率低，不易风化，多用于铺设古代建筑的地面、墙面、台阶等。

砖

实用的多功能材料

在中国，制砖的技术从很早的时候就出现了，砖的制作原理跟制陶很相似，都是将黏土和水按照一定的比例和成泥，确认好形状后晾干，再用高温烧制，这是原始时期的人类就会做的事情。考古学家曾在西安的蓝田新街遗址发掘出5件仰韶文化时期的烧砖残块，距今已有5000多年，被称为“中华第一砖”。但在夏商到西周这段漫长的历史中，砖都没有太强的存在感。直到战国时期，人们开始用砖砌筑墓室。到了秦汉时期，制砖技术进一步发展，砖和瓦又以“秦砖汉瓦”的美名，来到了历史发展过程中的高峰。秦汉时期的砖瓦体量巨大、制作精良、纹饰华美，往后的各朝各代都与之不同。

这是为什么呢？因为秦汉时期，砖瓦是贵族专享的奢侈建筑材料，舍得下成本和功夫去一块一块制作，而往后，砖瓦慢慢普及开来，需要大批量制作，成本也要在普通民众可以接受的范围内，所以就没有办法像艺术品那样去精雕细琢了。

秦·龙纹空心砖

汉·双虎画像砖

建筑材料上的创制

最早，中国人以土木为主要材料搭起原始的房子。后来，人们在关键部位加上石材，以解决土的潮湿问题和木的腐烂问题。对于大面积的土地面和墙面，人们还会用涂抹白灰或者用火烘烤的方式来加固和防潮。

只是土和木一个怕水一个怕火，总是不够完美。既然经火烘烤的地面和墙面会变得坚硬，那是不是能用类似的方法烧制砖来铺设一层平整、坚实又防潮的地面呢？夯土的地基和台阶，可以用石条进行覆盖包裹，但石料比较沉，开采运输和加工都很费功夫，只有贵族阶层才用得起。在一些早期建筑遗迹的地面或墙面中，有时会发现一些大小不一的片状陶块，说明人们在零星地尝试用陶优化建筑材料的性能。

公元前221年，秦始皇统一中国，之后便启动了多项大型工程的建造，包括秦始皇陵和连接战国时期秦、赵、燕三国长城的万里长城。巨大的建造需求让夯土和木结构技术迅速成熟起来，也带动了砖瓦烧制技术的发展。秦代重要的宫殿、陵墓等工程所用的砖瓦，采用的黏土原料都是经过精心淘洗，采用澄泥工艺处理出来的，烧出来的砖坚固耐用，而且都是沉甸甸的，所以秦砖又被称作“铅砖”。

汉朝正式定都长安后，决定以秦朝遗留的兴乐宫为基础兴建长乐宫，后来，又在长乐宫的西侧兴建了规模宏大的未央宫。主持修建工作的丞相萧何，为了展示国力、震慑天下，在修建宫殿时不惜成本，所用的砖瓦泥料都是经过澄洗的细泥，烧制出来的砖瓦不仅质地细密，而且声音清悦。许多年后，当深埋在地下上千年的秦砖和汉砖被挖掘出来，人们不仅惊叹于砖上精美的文字和装饰，更是感叹，当时的砖块上甚至留下了制造者的名字、制造时间等，以便在发现不合标准的砖时，直接追溯到制造者。

秦砖汉瓦体现了秦汉时期建筑装饰的辉煌成就。由于砖瓦上的文字、纹样和图案展现了独一无二的艺术风格，具有极高的审美价值和收藏价值，所以受到了后代文人的追捧。唐宋时期，就有人将秦砖汉瓦的残片做成磨墨的砚台。由于秦砖汉瓦质地优良，坚固耐磨，而且古朴厚重，极富古韵，所以受到以风雅自居的文人墨客的喜爱。

砖砚

从手工走向量产

无论是用来铺地和砌墙的砖，还是用来覆盖屋顶的瓦，一旦开始批量生产，在尺寸和形状上就要有统一性和规范性，这样的砖和瓦便能像积木那样互相搭接，连成一大片。所以，当砖瓦成为普通的建筑材料普及开来的时候，反而不能像秦汉时期那样追求纹饰上的丰富与美感了。

批量烧砖的想法，起源于之前讲过的夯土版筑技术。人们试图利用版筑夯制出土块，但在烧制时发现这样的土块太厚了，根本烧不透，于是，人们又将土块做成空心的，不仅普通的窑就能将它烧透，而且烧制完成后比同体积的石料轻，方便搬动。空心砖有两种做法，一开始是片作，就是先用泥巴拍出扁扁的砖壁，再根据

砖型将边线拼接黏合起来；到了汉代，人们改进出制作空心砖的模具，把坯泥均匀地涂抹在模具外面，涂抹厚度大概在4~5厘米，待晾干成型后便可以脱去模具进行烧制。空心砖在战国时期非常流行，最初多用于修建大型的地下陵墓。

除了空心砖，古代的砖也有板块式、拱券式等多种形式的实心砖。常常根据建筑的设计和建造需求灵活选用。

砖和石材一样，最早用于地面、台基和墙根，由于砖的加入，土木建筑的防水性能大大加强，以至于房子的水檐可以越做越短。明朝时，人们开始在夯土城墙和长城的外围，大规模地使用砖块进行包裹，结束了早期需要用芦苇帘为夯土墙挡雨的历史。

砖块颜色背后的秘密

现在我们去很多地方，还可以看见不少红色的砖房，但在古代却以青色砖为主，很少用红色砖。

青砖和红砖所用的原料和工艺差不多，都是用土，但不是任何土都行，得是含沙量少的黏土，经过半年左右的自然晾晒和风化，再进行人工粉碎，用筛子筛去砂砾，只留下细密部分。加上水后，就能像面团一样去揉了，有时也借助牛马等畜力或者水力进行踩踏或捣杵。

反复揉好泥团，放进事先设计好的模具里压紧，修去多余的地方，就得到了一块砖坯。由于曝晒会导致砖坯的裂纹和变形，所以要将砖坯放在通风阴凉的地方自然阴干。然后就可以烧制了，将阴干后的砖累叠码放在一起，用湿泥巴封住窑口，然后用高温烧个十天半个月，再用几天等它们自然冷却，才算烧出了一窑砖。

在这个冷却过程中，红色砖和青色砖的颜色秘密出现了。如果选择自然冷却，窑里有空气流通，砖中含有的铁元素会氧化成红色，就会得到红砖。怎么让它不变红呢？需要再加一个过程，即在砖窑中添入煤炭，然后再连续几天每天浇一点儿水，使砖头中的铁不完全氧化，最终就会得到青色的砖。

这样看来，青砖还多了两道烧制工序，为什么古人选择了这个更麻烦的方法呢？一是因为古代砖窑的烧制技术水平有限，自然冷却下得到的红砖，颜色红得不统一，会有杂色，如果用来砌墙，整体效果不好。二是青砖通过更为复杂的工艺，提高了硬度和强度，质量会比红砖好，能更好地抵抗低温和风化。三是青色更为庄严沉稳，与自然相协调，更符合中国文化对砖的审美。尤其是在一些朝代，鲜艳的色彩是宫殿、坛庙、衙署等专用，平民百姓是没有权利使用的。

砌出古代的建筑制高点

小小的砖块经过层层累叠就能砌出墙、柱子、门拱、桥梁，甚至可以筑起高高耸立的塔。能做到这些，除了砖的质量要过关，还要懂得制作砖块之间的黏合剂，而且还要掌握一定的建筑力学原理。宋代的《营造法式》一书中就记录了几种砌墙用的黏合剂的配方，一些宋代的砖石塔用的是加了石灰的泥浆，也有城墙用的是以糯米浆和石灰为主要原料的糯米灰浆。不过，在“民以食为天”的古代，糯米作为粮食是比较珍贵的，所以，最早的糯米灰浆仅仅用于一些重大工程。直到明清时期，稻米产量突飞猛进，糯米灰浆的应用才广泛起来。

汉代砖墓的墓顶结构

一般情况下，砖石是作为土木的搭配，

出现在建筑中，以弥补土木的不足，但我国古代也有很多纯粹的砖石建筑，其中蕴含的智慧和技巧让人不得不惊叹于古代建筑技术的发展。

战国末期，开始出现砖结构的墓室。墓室全部采用大块的空心砖建造，顶部也是由砖块搭出有支撑力的造型，由两侧堆叠起来的砖墙承托着，形成一个空间。

古代中国很少有高层建筑，塔是个例外。一座塔经常成为一个地方的最高

嵩岳寺塔位于登封市，初建于北魏时期，历经1400多年风雨侵蚀仍巍然屹立，是中国现存最早的砖塔之一。

建筑，高度可以从几十米到上百米。以现代的砌砖技术看来似乎没什么了不起，但古人没有现代化的砌筑工具，只凭普通的青砖材料和糯米灰浆这样普通的黏合剂，就能令这些砖塔屹立不倒，确实需要了不起的建筑技术和工艺。

指尖工坊

【金砖里头有金子吗？】

古代的金砖全名叫御窑金砖，其实仍是用泥土烧的砖，只是因为品质一流，质地坚硬细腻，敲起来声音如金属般清脆，这才得名金砖。古时金砖专供宫殿等重要建筑使用，是传统窑砖里的珍品。

明代永乐年间，明成祖朱棣开始在北京修建紫禁城，光是准备各种修造材料就花了将近10年的时间。因为这些材料不仅用量大，而且要求极高。例如三大殿的地砖，工部的官员们就费尽心思，最终选定了苏州的一处砖窑，决定“始砖于苏州，责其役于长洲窑户六十三家”。永乐皇帝也很满意，赐名这个烧砖的窑场为御窑。

苏州陆慕地区的黄泥土质细腻、黏而不散、可塑性强，非常适合制成坚硬密实的金砖。虽然金砖的制作流程跟普通砖差不多，但每个细节都要更加费心、费力、费时间。例如，黏土放置的时间更长、筛得更细；练泥的要求更高，不仅要经过多次澄浆和过滤，还要经过无数次的翻、捣、摔、揉，以得到性质最佳的泥料，这个过程有时会持续数月；制好的砖坯也要花更多的时间来阴干，有时甚至需要5～8个月；烧制时，要先用糠草熏1个月，去除潮气，然后用劈开的细柴烧1个月，再用整柴烧1个月，最后用松枝烧40天，烧制过程中的火候控制、柴草加入的时机和数量，都是金砖烧制技术的关键；出窑后要有专门的人员进行检查，如果一批金砖中，有6块达不到“敲之有声，断之无孔”的程度，那这批金砖都算废品，要重新烧制。合格的金砖再经过打磨和泡油，可以变得更平滑，使用寿命也会更长。

金砖从取土练泥开始直到出窑，整个过程至少需要1年的时间。当时为营建紫禁城而制备的御窑金砖，就有上万块，花了两三年的时间。如今，故宫的太和殿、中和殿和保和殿的地面仍铺着御窑生产的金砖，其中，面积最大的太和殿就有金砖4718块。而且这些金砖上都刻有制作的年号和督造者的印鉴。

瓦

屋顶的防雨『外衣』

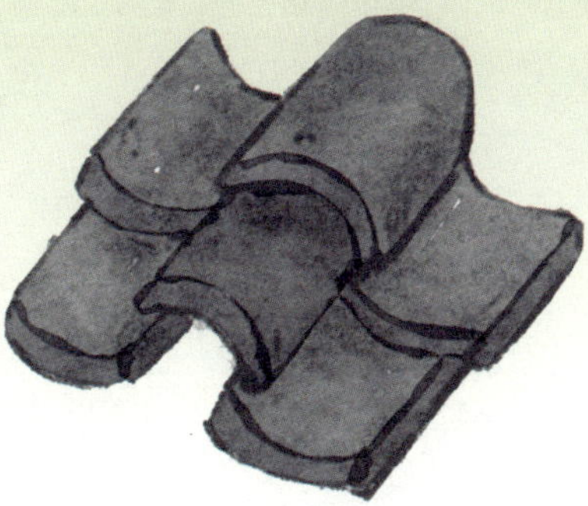

屋顶上的瓦，主要职责是为整个房子挡雨、挡雪，保证屋顶的排水，保护下方的土木材料。最早担起这个职责的是茅草，古文中的“茅庵草舍”“深山结庐”，指的就是用茅草搭盖的简易房屋。东汉末年刘备“三顾茅庐”，说明诸葛亮住的房子也是茅草屋顶。茅草方便易得，麦秸、稻草秆、高粱秆、芦苇等，经过干燥、捆扎后，都可以直接使用，作为最原始的屋顶材料。但是草屋顶不够耐用，阴雨连绵的季节不能及时晒干，就会发霉生虫，干燥的季节又容易起火，而且每当刮大风的时候，屋顶还有被吹跑的危险。杜甫的《茅屋为秋风所破歌》就是真实写照：秋夜里的大风卷走了屋顶的好几层茅草，大雨接踵而至，失去屋顶的保护，雨水像麻线一样不停往下漏。长夜漫漫，屋漏床湿，真是令人痛苦不堪。

直到用陶土烧出瓦片，中国人才有了理想的屋顶。“有瓦遮头”意思就是有了能遮风挡雨的住所，有家可归，代表一种稳定安宁的生活。

不过在早期的文字记录中，我们不能看到“瓦”字就以为是屋顶上的瓦，它指代的也可能是其他陶土器皿，《说文解字》中提到：“瓦，土器已烧之总名。”有注解说是“凡土器未烧之素皆谓之坯，已烧皆谓之瓦”。可见瓦这个字最早是对陶器的总称，后来才演变成建筑屋顶上挡雨构件的专业名称。所以，如果你在古书中看到瓻（chī）、甂（biān）、甔（dān）等带着瓦字旁的生僻字，不能草率地认为它们是屋顶上的瓦，它们其实是用陶土烧成的器具。

瓦当：瓦的杰出代表

在上一篇提到的“秦砖汉瓦”一词，更多的是赞美纹饰丰富、制作精美的瓦当，实际上，古代建筑上的瓦是由包括瓦当在内的一系列瓦件组成的。底瓦仰铺在房顶上，形成一列列往下走的“排水沟”，就像菜地里的一条条垄沟，宽度和间距都是一定的。盖瓦是覆盖在两列底瓦之间的弧形瓦片，像竹节一样一块接一块地

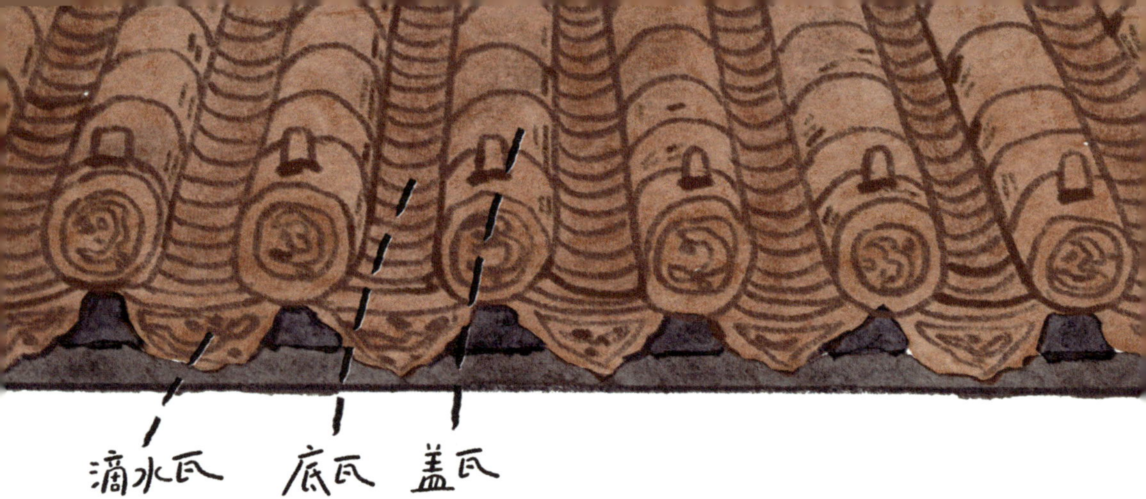

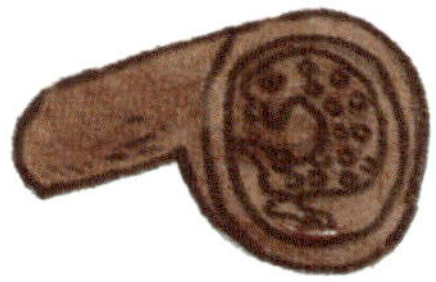

瓦当

排到屋檐处，屋檐处的最后一块盖瓦会特别设计一个圆面，用来遮挡两列底瓦之间的缝隙，也保护下方的木结构免受风雨侵蚀。这片带花纹的圆形或半圆形遮挡面就是瓦当了，它和底瓦最外侧带花纹的滴水瓦共同构成了屋檐的“花边儿”，在古建筑中起着锦上添花的作用。

在中国古代的建筑遗迹中，常常能挖掘出一些带着图案的瓦当，我们还可以从中总结出各朝代的流行文化。比如，战国时期，各个诸侯国都有独具特色的瓦当潮流，秦国流行各种动物图案的圆瓦当，如奔鹿、立马、四兽、三鹤等；赵国人喜欢三鹿纹与变形云纹；饕餮、双龙、双鸟和山云纹则更可能出现在燕国的瓦当上。到了汉代，长安地区的瓦当上常常会有“长乐未央”“长生无极”等字样。在古代，青龙、白虎、朱雀、玄武分别代表天上东西南北四个方位的星宿。西汉之后的王莽颇为好古，于是命人以四神瓦当装饰宗庙。东边用青龙瓦当，西边用白虎瓦当，南边用朱雀瓦当，北边用玄武瓦当。四神瓦当形神兼备、造型考究，是秦汉瓦当的代表作。

四神瓦当

素瓦：朴质亲民的选择

古代没有机械，要将瓦密密地铺满屋顶，全靠人力和手工。古代民居建筑中常见的是灰黑色的弧形瓦——小青瓦，直到今天，我们仍能在一些传统民居、庙宇、园林建筑中看到它的身影。人们也将小青瓦称为布瓦，用泥土烧制出来的瓦跟布有什么关系吗?

这其实与小青瓦的制作方法有关。最早的时候，小青瓦的制作工艺还不够成熟，要想做出薄薄的带弧度的瓦，只能先依靠圆筒状的模具制作瓦坯，再将圆环形的瓦坯一分为二或一分为四制成筒瓦或板瓦。瓦片比砖薄得多，从模具上脱下来的时候容易损坏，人们就想了个办法——先用粗布做底，再抹上练好的坯泥，待放在阴凉处晾到半干后脱模。有了衬布，脱模就顺利多了，因此成品的瓦面也留下了一些布的纹理，于是人们也叫它布瓦。

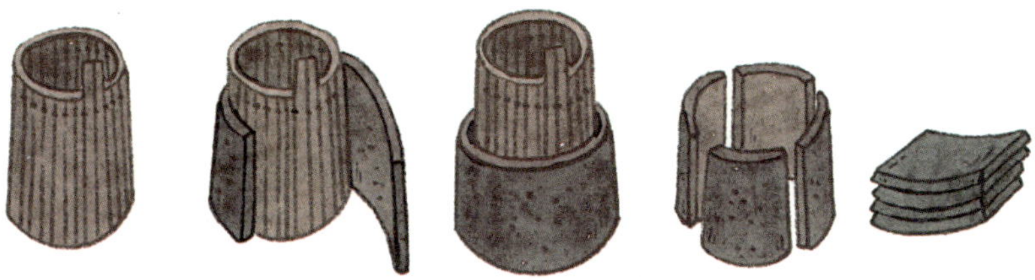

小青瓦的制作步骤

这种瓦虽然朴素，但透气性能很好，当室内蒸发的水汽上升到屋顶，可以透过密密的瓦片扩散出去，这样有利于保持房屋木结构的干燥，减少霉变和腐坏。后来有些不懂古代制瓦智慧的工人，给小青瓦涂上了防水漆，反而破坏了屋顶的透气性，夏天就会格外闷热。

铺瓦的艺术

瓦片制作好了，要如何铺在有坡度的屋顶上呢？既要整齐美观，还要不漏雨，这就要遵循一套复杂又专业的方法。首先，屋顶的主梁架搭好后，要在梁架上铺设用来搁放瓦片的细长木条，一般会根据瓦片的尺寸将这些木条排得均匀整齐。一些雨水多的地方，还会在铺设木条前做上好几道防水层。为了防止瓦片沿着屋顶的坡度下滑，还要用上瓦钉，或者在制作瓦片的时候，就做好能让瓦片互相卡紧的设计。

按形状区分，古代的瓦片大致可以分为板瓦和筒瓦。板瓦是横截面的弧线小于半圆的瓦片，看起来比较平。筒瓦则是横截面呈半圆形的瓦。而在铺设屋面时，按照铺的顺序又有底瓦和盖瓦之分。底瓦就是先铺的底层瓦片，盖瓦则是覆盖在底瓦上的瓦。于是，瓦片形状与铺设顺序的各种组合，就形成了形式多样的屋面。常见的屋面类型有筒瓦屋面、合瓦屋面、仰瓦屋面等。

筒瓦屋面是以凹面向上的板瓦为底瓦，凸面向上的筒瓦为盖

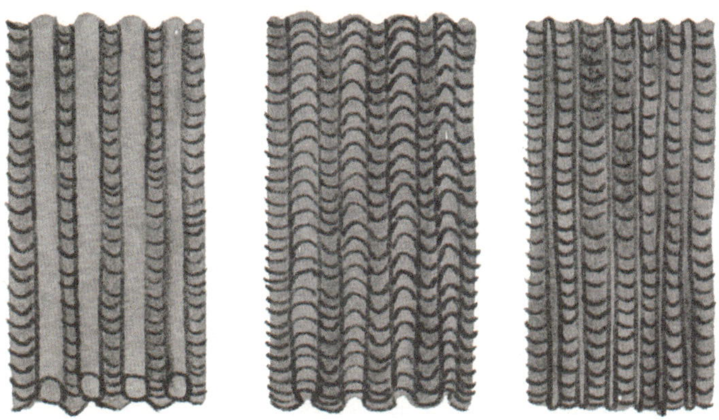

筒瓦屋面　　合瓦屋面　　仰瓦屋面

瓦，常用于宫殿、庙宇、王府、衙署等官式建筑。合瓦屋面是底瓦和盖瓦用的都是板瓦，只是一个凹面向上，一个凸面向上，所以，合瓦屋面也被称为“阴阳瓦”或“蝴蝶瓦”，这种瓦面常出现在民居和小式建筑中。仰瓦屋面一般也叫仰瓦灰埂屋面，一般不施盖瓦，只是将凹面向上的板瓦作为底瓦，并且在两排板瓦之间用灰堆抹出形似筒瓦的半圆形瓦垄。

于是，各种弧度的瓦片以不同的方式交错排列，组成俯仰生姿的美丽形态，让中国古代建筑的屋顶呈现出特别的美感。

多彩辉煌的琉璃瓦

随着制瓦工艺越来越成熟，古代的皇室和王公贵族开始使用昂贵的材料制作出工艺复杂的瓦。中国的传统建筑，通常仅仅通过屋顶就可以判断出屋主的身份和地位。对于屋顶瓦片的材质、颜色等也有着严格的规定，不可随意使用。

在古代，相比普通民居的小青瓦，琉璃瓦是更高级的建筑材料，通常用于等级较高的建筑。而且，对于琉璃瓦的颜色，也有着等级区分。黄色琉璃瓦的等级最高，明清时就有规定，黄色的琉璃瓦只能用于皇家的宫殿、陵墓、园林和奉旨修建的坛庙，例如孔庙等。故宫这样的皇家建筑，用的多是昂贵的琉璃瓦。远远望去，那片金碧辉煌的屋顶，时时刻刻向天空和世人展现着皇家的财富和权力。

除了黄色，琉璃瓦还可以烧出蓝色、绿色、黑色等多种颜色。这些颜色是怎么来的呢？琉璃瓦与普通瓦一样，也是用黏土为主要原料，经过练泥、成型、干燥后，再通过高温烧成。不过，特别的是，琉璃瓦还要在表面涂上釉料进行第二次烧制，从而形成色彩多样的光亮釉面层。从化学成分来看，琉璃瓦的主要成分有氧化铅、二氧化硅、氧化铜等。其中，氧化铜是呈色剂，通过铅丹作为助熔剂，再将铁、铜、锰或钴等不同金属的氧化物加进去，即可让琉璃瓦呈现出不同的颜色。例如，氧化铁使釉呈黄色，氧化铜使釉呈翠绿色，氧化锰使釉呈紫色，氧化钴使釉呈蓝色。

先秦时期，红色、黑色比较尊贵。隋朝以后，金色、红色、黄色成了最尊贵的颜色，青色、绿色等级稍次，黑色、灰色则成了等级最低的颜色。所以，明清宫殿的屋顶采用的是黄色琉璃瓦，代表着至高无上的皇权。清代《大清会典》中就曾明文规定：非皇家特许，普通大臣和百姓绝不能使用琉璃。紫禁城的宫殿使用黄色琉璃瓦，墙壁使用红墙，自此，黄瓦红墙就成了皇家的标志，只有皇帝和皇帝尊崇的坛庙可以使用，亲王和郡王的府邸则使用绿色琉璃瓦。按古代阴阳五行学说，黑色属水，水能克火，所以，故宫里的藏书楼文渊阁的屋顶用的是黑色琉璃瓦，寄托了人们希望藏书楼免遭火患的愿望。

除了颜色，琉璃瓦在性能上也很有优势，它的强度高，很少出现破损，而且它防水性能好，雨后干燥快。普通陶瓦质地较为粗糙，吸水性强，如果遇到长时间的雨雪天气，瓦片吸收了太多水分，增加的重量对于屋顶来说就是极大的负担。琉璃瓦因为有光洁的釉面，不容易吸水，重量不会有太大变化，所以就会比普通瓦片更加耐用。琉璃瓦的光亮表面还可以反射一部分太阳光线，减弱阳光直射瓦面造成的剧烈升温，冬天则可以阻隔寒气渗入，因而有利于保持建筑内部的温度。

吻兽：屋顶上的守护神兽

中国古代建筑的屋顶上除了有瓦片，往往还有一些装饰性的构件。它们有的很大，有的很小；有的像龙，有的像兽。它们是用来做什么的呢？

人们将这些建筑上的大大小小的龙、凤、兽、仙等装饰性的部件统称为脊兽，它们的作用，一是稳固屋顶，二是“守护”

屋顶。

在古代，比较正式的建筑，它的屋顶都是由数量不等的斜面组成的，通常拥有好几条屋脊。其中，前后两个坡面之间的交汇线叫正脊，从正脊两端延伸出来的屋脊叫垂脊，从垂脊再往下延伸出来的叫戗脊。

最初，脊兽的出现是为了稳固屋脊和瓦垄，防止垂脊等倾斜屋脊背上的瓦件向下滑落。正脊两端的吻兽是为了施加一个较大重量，令下方用榫卯结构接合在一起的木构架能更加紧密。垂脊和戗脊上的垂兽和戗兽则是由连接瓦片和大木结构的钉子与钉帽演变而来的，这样既加固了瓦件，又避免钉孔漏雨，还美化了屋顶。

除了增加结构上的稳定性和细节上的牢固性，脊兽的出现，还传递出古人想要守护建筑、希望家宅平安的美好愿望。

由于古代建筑以木材为主要材料，一旦避雷或防火措施不利，便会因火灾而毁于一旦。在古代传说中，海龙王的九子之一鸱（chī）吻是龙头鱼尾，喜欢吞火，能喷浪降雨。于是，人们做出鸱吻的造型放在正脊上，期望这个神兽能够避火，或者在建筑发生火灾

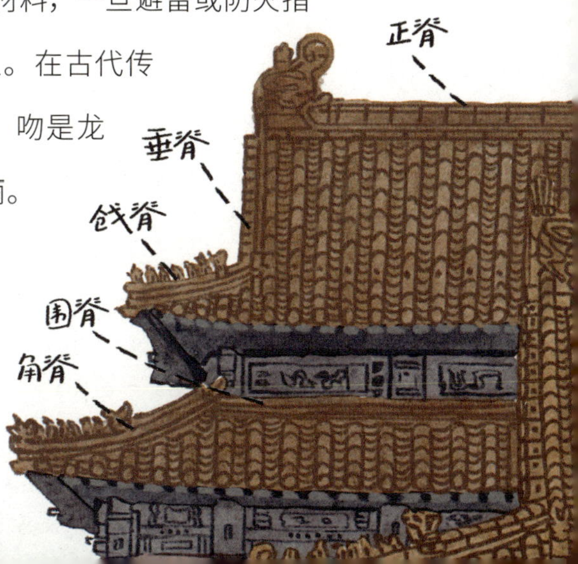

行什
斗牛
獬豸
狎鱼
狻猊
海马
天马
狮子
凤
龙

的时候帮忙下雨灭火。屋顶上的其他神兽也有各自的寓意，有的辟邪，有的保平安，有的祈求丰收喜庆……

脊兽的数量和排列有着严格的规定，要符合所在建筑的等级和规制。例如，屋脊上排成一列的叫仙人走兽，明清两代就有规定，骑凤仙人后的小兽，除太和殿这样等级最高的宫殿可有十只，以显示其至高无上的地位，其他屋顶上的小兽必须是奇数个，而且随着建筑等级的下降，小兽的数目也要随之减少。

欣赏中国传统建筑的时候，往往要走进院墙，通过一层层大大小小的门，才得以看见丰富的内容，但屋顶是例外，它是建筑最华丽的“外衣”，大方直白地向所有人展示它的美，形成地平线上的多彩风景。有时是素瓦的淡雅质朴，有时是琉璃瓦的金碧辉煌，但无论我们身在何处，只要看到这样的瓦、这样的屋顶，便能知道：这就是中国。

指尖工坊

古代建筑的“第五立面”

硬山顶

悬山顶

中国古代建筑，从下到上可以分为台基、屋身、屋顶三个部分。其中，屋顶最引人注目，被称为中国古代建筑的“第五立面”。

古代建筑的屋顶有着优美的线条和曲面，延伸出去的屋檐，像鸟儿的翅膀，让整个建筑都灵动起来。这些屋顶形式多样，但常见的有以下几种基本形式：硬山顶、悬山顶、歇山顶、攒尖顶和庑(wǔ)殿顶。根据屋檐的层数，屋顶还分单檐和重檐。

庑殿顶

歇山顶

重檐歇山顶

攒尖顶

盝顶

漆

木建筑的美丽铠甲

大漆，也叫“中国漆”，它和丝绸、陶瓷一样，是最具中国特色的物产之一。在古代，中国人的生活离不开漆，从吃饭、喝酒、装水的小器皿，到各式家具、乐器，再到大大小小的木建筑，它们的表面都涂着这种天然漆。

来自漆树的礼物

漆是怎么来到人类生活中的呢？大概是在原始社会，人们看见了受伤的野生漆树，发现从伤口渗出的白色汁液经过日晒后，慢慢变成黑色的坚韧的膜状物，这个东西不但很有黏性，而且表层细腻光滑，仿佛给大树涂上了一层保护膜。善于发现和利用自然事物的原始人类很快想到可以将这种物质利用起来。他们发现，皮肤直接接触生漆后会有瘙痒、红肿等反应，于是他们先用贝壳、石块等在漆树上划出口子，再用贝壳、树叶或者竹片在下端接着，将生漆收集起来，然后把它刷在木器、

割漆树取漆

竹器和陶器上，不仅能让器物变得更加坚固耐用，而且也美观了不少，这便是原始的漆器。浙江萧山跨湖桥遗址出土的漆弓，距今已有8000多年的历史，是目前世界上已发现的最早的漆器。

新石器时代跨湖桥文化漆弓：弓身多处残断，弓柎保存完整，采用韧性良好的桑木边材制作，弓身表面涂有天然生漆，漆皮表面带有皱痕，部分脱落。

古代书籍中记载，早在上古时代，漆器就已经是一些庄重场合和重大事件中不可缺少的重要物品了。《韩非子·十过》中有“尧禅天下，虞舜受之，作为食器，斩山木而财之，削锯修其迹，流漆墨其上，输之于宫以为食器”，“舜禅天下而传之于禹，禹作为祭器，墨染其外，而朱画其内”。这就是说，在新石器时代晚期，从原始氏族公社到奴隶社会兴起的过渡阶段，我国就有了把漆用在食器、祭器上的记载。上文提到的作为祭器的漆器“墨染其外，而朱画其内”，外面是黑色的，里面是红色的，也是用色料调漆的开端，直到现在，黑色和红色仍是常见的漆器配色。

当人们掌握了大漆的生产和使用方法，便开始有意识地、大

新石器时代河姆渡文化木胎朱漆碗：器壁外表有一层薄薄的红色涂料，微有光泽。据测定应是掺有朱砂一类颜料的漆。

规模地种植漆树，让漆更好地服务于日常生活。一切需要防潮防腐的地方，人们都刷上了漆，建筑也不例外，木制的柱子和门窗，还有墙壁，都可以通过刷漆来延长使用寿命。虽然古代人并不了解大漆的化学成分和发挥作用的原理，《周礼·考工记》中只是简单地说："漆也者，以为受霜露也。"漆是为了让弓箭的弓身能够经受霜露。但这并不妨碍他们坚定地大规模地用漆，后来甚至还专门有一个髹（xiū）字来表示把漆涂在器物上的技艺。

现在人们知道，漆液的主要成分是漆酚、漆酶、树胶质、氮、水分及微量的挥发酸等。刚割取的漆液呈乳白色黏稠状，接触空气后，成分中的漆酚逐渐氧化，导致颜色慢慢变深，最后成为栗壳色。把漆液涂在各种器物表面后，在漆酶的催干或特定温度的作用下，漆汁中的漆酚发生化学作用，在器物表面形成薄膜，即漆层。如果在漆液中加入颜料或染料，就会形成各种颜色的漆，制作出艳丽精美的漆器。

从树上到器物上

在汉字中，绝大部分树的名字都是木字旁，例如桃、松、杨等，为什么漆树的“漆”字从水旁呢？因为人们对漆树最初和最深的印象，就是树干处会流出汁液，这些汁液就被称为桼（qī）：上部从木，中间从人，也像人用刀割破树皮，下部从水，是汁液流出来的样子。整个字形象地展示出人类用简单的工具割漆树收漆液的样子。

在古代，大型的漆树林是受官方管理的。商周时期，就出现了专门的皇家漆园。春秋战国时期，又出现了私家漆园。官方的漆园里有专门负责管理漆树种植和漆的生产的官吏。历史上著名的哲学家庄子，就曾做过战国时期宋国的“漆园吏”。

《说文解字》中的“桼”字（小篆）

漆器因其独特的质地、耐用性以及华美的外观，在古代社会中扮演着重要的角色。在相当长的一段时间里，漆树园都是一项非常重要的财产。一棵漆树要长八九年才可以开始割漆，而且，割漆有着严格的要求和方法，稍有不慎就会导致漆树死亡。割漆时，漆农先用金属刀或蚌壳在树皮上割出一条月牙形的小口，将蚌壳或竹片等插在刀口下方，几分钟后，白色的汁液会从小口处慢慢渗出来。每一次可收集的量非常少，每株漆树从早上割口到下午收漆，不过能收二三十克。所以，又有“百里千刀一两漆”的说法。为了保护漆树的生长，一棵漆树上的刀口一般不超过十个，而且，每割十天需歇十天，每割一年需歇一年。

从漆树上割取的天然漆液，叫生漆；生漆经过过滤、晾晒、搅拌等处理后就是熟漆，有时还会加入桐油或其他植物油。熟漆完全干燥后会变为黑褐色，漆膜细密坚硬，好似一副风雨不透的铠甲，不仅耐磨、防潮，还可耐高温、耐酸碱腐蚀。

古代用的颜料，基本都是矿石颜料，要配制出不同颜色的漆，要求颜料本身具有很强的着色力，而且在漆膜干燥的化学反应中还要保持颜色稳定。自古以来，人们总结出了一套大漆的着色配方，例如，若想黑色纯正，通常需加入烟煤、铁屑等着色剂；在大漆中调入银朱、丹砂或绛矾就能得到红色漆。像赭石、雄黄、靛华、漆绿、石青、石绿、韶粉等矿物颜料都可用来为漆调色，更奢侈的还加入金粉形成金漆。制作漆器时，除了颜色上的变化，

古代的矿物颜料

利用大漆黏稠的特性，还可以加入金属、玉石、角骨、琉璃、贝壳片等材料镶嵌出图案，既丰富了漆器的色彩，还增添了不同材质的对比美。

地仗：为建筑的上色打好基础

除了制作器物，漆艺还可以运用到建筑上。木头的防潮、防虫、防腐蚀性较弱，而大漆的防腐、防潮特性恰好弥补了木材的缺陷，给木头刷上漆就像是给整个建筑物涂一层外膜“铠甲”。所以，当木建筑的基本结构完成后，还要花大量的时间和人工来做上漆工作。

为了令漆面平整光滑、不易脱落，需要先准备好适合刷漆的底面。这种在建筑木构件的表面进行衬底处理，为上漆或彩画绘制做好准备的技法叫作地仗。这个名字我们现在已经很少听到了，但在以前，这是建筑工程中不可或缺的古老工序。地仗工艺使用的材料有灰料、桐油、血料（经过发酵的动物血）以及用来包裹在木头表层做成灰壳子的麻、布等材料。麻和布用于增加地仗的拉力，防止开裂，桐油、血料等则是为了增加地仗的韧性和耐用性。

最早，地仗的做法比较简单，只针对木头表面有明显缺陷的地方，用油灰填满、刮平，再浸入生桐油用来增强韧性和防腐蚀的性能。清代开始，地仗的涂层日益加厚，面积也越来越大，直到覆盖所有木材的表面。地仗的做法也更加多样，包括不施麻或布的“单披灰”和更讲究的“一布四灰”“一麻五灰”甚至“二麻六灰”等。其中，“一麻五灰”是传统建筑地仗工艺的典型做法，即有一层麻和五层灰，具体工序包括捉缝灰、通灰（扫荡灰）、使麻、磨麻、压麻灰、闸线、中灰、细灰、磨细灰、上光油（钻生油）等。传统四合院的重点木结构都是做到“一麻五灰”，故宫的地仗工艺则有着“二麻六灰”之说。

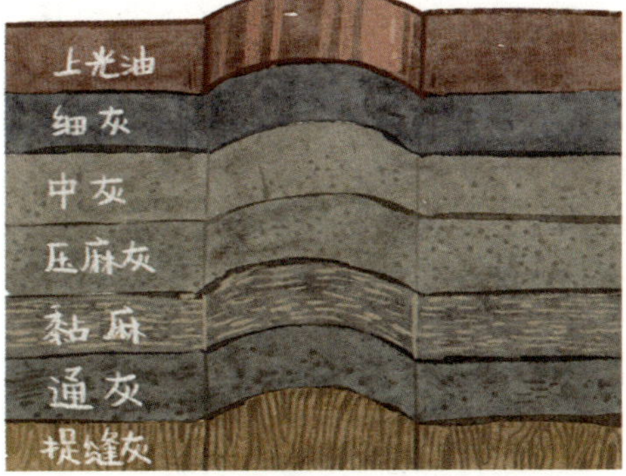

地仗“一麻五灰”分层示意

光彩夺目的油漆彩画

中国古代建筑是重视色彩的艺术。我们今天看见的天安门城楼、故宫三大殿以及天坛、颐和园、雍和宫等古代大型建筑上，都有种类繁多的颜色。最初，古建筑上的颜色主要用于彰显建筑等级，体现建筑功能和美化装饰。比如，秦朝时，就规定帝王住的宫殿，柱子为红色；诸侯住的房子，柱子为黑色；大夫住

和玺彩画

旋子彩画

苏式彩画

的房子，柱子为青色；士住的房子，柱子为黄色。经过各朝各代的发展，建筑上的颜色由简单到复杂。到了明清时期，建筑的颜色等级更加严明、清晰，油漆彩画等工艺也发展到了鼎盛时期。以故宫为代表的黄瓦红墙、青绿梁枋、白玉栏杆等，成为人们心中古代建筑的典型色彩搭配。

在地仗完成后，下一步便是给各个部位增添颜色，但这道上色工序中既有用漆上色的油作，也有用彩画颜料上色的彩画作。所以两种工艺所预留的部位往往需要事先确定、分工清晰。

一般，建筑的连檐、瓦口、椽身、望板、柱子、大门等部位要用漆上色，而檩、枋、天花、门楣等部位则考虑绘制彩画。中国明清时代古建筑的彩画一般分为和玺彩画、旋子彩画和苏式彩画这三类。这三类彩画的等级依次递减，在彩画的主题、构图和用途上都有明显区别。

如果你仔细观察，会发现古代建筑的油漆色彩相对比较简单，一般是红、绿、黑等，但它与华丽繁复甚至贴金装饰的彩画相配起来又十分适宜。二者和谐统一，构成中国古代建筑风格的重要标志。

指尖工坊

木头上的锦绣图案

在地仗工作完成后，测量好需要施涂彩画的面积，先在相同尺寸的牛皮纸上用炭条或墨汁勾勒出图案线条，画完后用针沿着线条，每隔两三毫米扎一下，留下均匀的孔洞。

在木构件上标注好中线，根据中线将画纸在木梁或墙壁上固定摊平，保证水平和对称。用粗布袋装上细粉，沿着针孔线条拍打，使色粉透过针孔印在地仗上，这样彩画的纹样便被准确地印出来了。

用类似裱花袋的带尖头的工具装好粉浆，尖头处预留小洞。通过轻挤袋身，就能将粉浆沿印好的彩画纹样描画一遍，勾出微微凸起的白色边线，这一步被称为沥粉。

上色时，一般先刷涂底色，再涂上小块面和细节的颜色。涉及贴金工艺的彩画，还要在龙、凤、宝珠等贴金图案上涂上一层黄胶和一层金胶油，金胶油有黏性，可以黏住金箔。将金箔纸撕成适当的尺寸在相应的位置贴满，再将多余的金箔擦去。

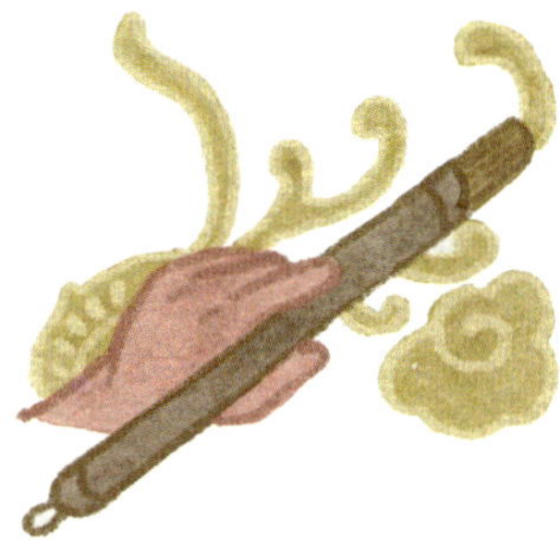

门窗

长在建筑上的『眼睛』

中国的门大致可以分为两种，一种是用来划分空间和区域的门，如城门、门楼、牌坊门等，另一种则是作为建筑构件的门，是建筑的一个组成部分。这里要说的，是后一种，作为建筑主要出入口的门。

在原始社会，居住在山洞里的人类通过洞口来进进出出。后来人们掌握了基本的土木知识和技术，开始自己搭建房子。人类对家的追求，一开始是寻求温暖和庇护，再后来是追求舒适和便利，最后上升到文化和审美需求。

作为重要的建筑部件，门和窗的发展大体也遵循这样的规律。

门和窗有共同的起源

当原始人学会使用并保存火种后，屋子里总是要有一个火塘，用来烧水烤肉、取暖照明。可是柴火总是弄得屋里烟雾缭绕，又熏又呛，很是恼人。人们观察到，烟是往上升腾的，于是尝试在屋顶处开一个洞，好让烟飘散出去，这就是窗的起源。但这个最早的窗户并不叫“窗”，而是用“囱”这个字，追溯字源，囱的本义就是屋顶上的天窗。

后来，人们发现屋顶开窗有很多不便，比如很难阻挡雨雪落入，即便用兽皮或茅草遮挡也很麻烦，于是想到在墙壁上留出洞口，专让风和阳光进到屋里，而屋顶排烟的洞就慢慢发展为专门的烟囱，这样囱和窗按功能“分了家”，开在墙上的窗也有了专属的称呼——牖（yǒu）。

现在我们常说“窗户”，但户其实是表示门，而且最早是指半扇门，即单扇的门，一扇为户，两扇为门。我们在读古诗词和古文的时候，遇到这几个字，要知道它们不同的含义。现代汉语中，“窗户”用来指代墙面上通气透光的装置，“门”则成了“门”和“户”的统称，用来指代建筑物的出入口。

后来，又有了“门面”“门脸”等词，这说明门不仅成为建筑中不可缺少的部件，还增加了防卫、展示、等级象征等多种功能。

原始的窗——囱

门：建筑的脸面

最早的门窗，想来应该是粗犷的，直接在土墙上开洞，让门能进人、窗能透光就行了。刮风下雨的时候怎么办呢？那就挂上动物皮毛、树枝树叶、茅草等用来遮挡。纺织技术发展起来后，人们也会用麻布遮挡。

后来，当木结构被广泛应用后，门窗也跟着有了比较固定的形态。门常常是木制的，由一块或多块木板拼成一扇或两扇，看上去很简洁。不过，要把它装在建筑的墙体上并且能够自由开合，是需要许多其他构件进行配合的。

首先，门扇是需要安装在门框里的，门框则需要牢牢地嵌在墙上，形成一个洞口。门框的左右两侧各有一根框柱，上面由一根平枋（fāng）连接起来形成框架。框柱和平枋与木建筑结构里柱和梁作用相同，是主要的承重构件。枋是一种方柱，作为古建筑中的常见部件，常以穿插的方式来连接柱与柱、柱与梁。

门框的底部也有一条挨着地面的横木，叫作门槛，门槛的两端设置木墩或石墩，木墩或石墩中留有小窝，用来装门轴。门轴是带动门扇自由开合的关键。所以古代人家更愿意选择石墩，因

古建筑门结构示意

为石墩比木墩更加耐压和耐磨。因为被压在门下，像门扇的枕头，所以这样的石墩又被叫作门枕石。

这样的设计不仅经久耐用，还很科学。既能让城门宫殿的巨大木门灵活开启，也能让几吨重的石门依靠门轴在门枕石里转动。比如明定陵中，墓室的石门高3米多、宽约2米，重达4吨。这又大又重的门，怎么推动呢？陵墓建造者用的方法是：将石门的门扇做成一边厚一边薄，靠近门轴的一边比较厚，而远离门轴的一边只做到一半厚，这样一来，石门的重心都移向了靠近门轴的一边，能让石门的开启更加省力，此外，门扇靠近门轴的一侧还设计成了圆弧形，这样转动起来更加容易。

在古代，门的规格有高有低，门枕石也有大有小。门枕石一般有内外两部分，一部分在门扇内，一部分在门扇外。门扇外的这部分又称“抱鼓石”，经常被做成各种造型，抱鼓石的形态与雕刻内容，不仅能展示工艺美，还能体现主人的身份和地位。

抱鼓石的形态有很多，主流的是箱形和抱鼓形。箱形一般是文官家用，抱鼓形一般是武将家用。箱形上刻有狮子的是高级别的文官，刻其他装饰图案的是较低级别的文官。同理，抱鼓形上有没有刻狮子，也可以作为判断武将品级的标准。没有功名的人家，即使门口有抱鼓石，也不能雕刻装饰图案，普通人家一般只用普通的门枕石或木制门墩。

各种各样的抱鼓石

除了抱鼓石，通过门簪也能看出主人身份地位的高低。门簪是门扇上方的木构件，就像一个个大木钉一样，将中槛和连楹连接到一起。门簪一般成双数，簪头的正面有素面的，也有雕画图案的。等级较高的建筑，门上常设四个门簪，簪头正面往往雕刻或描绘着体现主人地位和审美的四季花卉、吉祥如意等图案或文字。

在古代，男女婚配时常用的“门当户对”这个词，就是从抱鼓石（门当）和门簪（户对）衍生而来的。因为通过门当的外观和户对的数量，大体就能看出门第。

当然，大门的尺寸、色彩、门钉数量等，也是房子主人身份地位的直观体现。例如紫禁城巨大的红色大门，还有门上的九九八十一颗门钉等，无不彰显着皇权的尊贵和至高无上的等级。

这就不难理解，古人会有“门脸”的说法了。如果一户人家的大门又宽又高又厚，被涂成了朱红色，门上还有一排排铜钉和沉重的门环，门前两尊大石狮威武庄严，门内的世界感觉深不可测，那么不难猜出，这个建筑长着一张达官显贵的“脸”。相对的，普通人家的门总是窄小简单、装饰朴素的。在一些偏僻的山村，不管门的制作工艺已经发展到什么地步，仍在扎柴为门，过着“柴门小户”的生活。

中国的古建筑往往采取在平面上展开的组织方式，无论是皇家宫殿，还是一户人家的房子，一般都是由两三个甚至是多个单体建筑组成的院落。院落之内的各处房屋之间，还有一重重殿门、房门和室门。从唐代开始，古人在制作这些门时，尝试着在门中做出镂空格心并雕刻花样，这样的木门就是格扇门，也叫格子门。

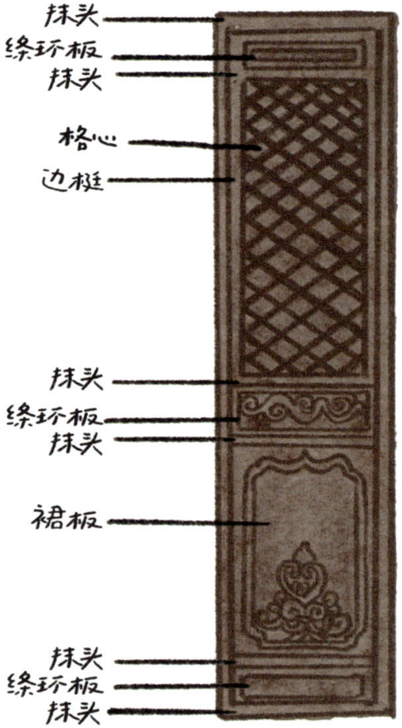

格扇门的构造

格扇门的构造兼具实用与美感，每个部件的设计都有功能上的考虑。例如，上部的格心面积最大，既能起到分隔的作用还能透光，可以设计成十字形、菱形、云回形等多种花样，成为能工巧匠施展技术的地方；裙板是没有镂空的下半部分，可防风挡雨；抹头是不可缺少的横向连接件，穿插在格扇门的上中下关键部位，可防止榫卯结构松动或变形，有加固的作用；绦环板，宋代又称腰华板，是在门的上部、中部和下部抹头之间的位置安装的一块扁长的木板，远看像是浮雕出的一道阳线。绦环板上可作彩画或雕饰，打破衔接处的沉闷。

紫禁城中等级最高的宫殿太和殿，用的就是格扇门，这也体现了这种门在古代建筑中的重要地位。由于格扇门纹饰美观、制作精良，而且可以拆装，所以直到现在，古建筑中的格扇门仍然深受古物收藏者的喜爱。

窗：框住风景的艺术

原始时期的牖只是开在墙上的简易小窗。到了汉代，窗的造型有了重大突破，出现了一种比较简单的窗户样式——直棂窗。

直棂窗

一马三箭窗

棂是指长长的细木条，直棂就是指棂条像栅栏那样，简单地竖向排列在窗框内。这种窗一般不能打开，变化也不多，最多把横截面为方形的棂条劈分为两个横截面为三角形的棂条，将平的一面朝屋内、带棱的那一面朝屋外，形成破子棂窗。或者在上、中、下部横向加三组横木条，形成一马三箭窗。从出土的汉代陶屋来看，直棂窗是当时主流的窗户样式。

隋唐时期，窗的形式开始丰富，出现了各种各样的窗。如槛窗、支摘窗、推窗等。

槛窗，是等级较高的一种窗。跟格扇门一样，它也是装在槛框上，形式与格扇门相似，上半部分是镂空的格心，但下半部分不是裙板，而是砖墙或者板壁。当房间较高或面阔较宽时，还会

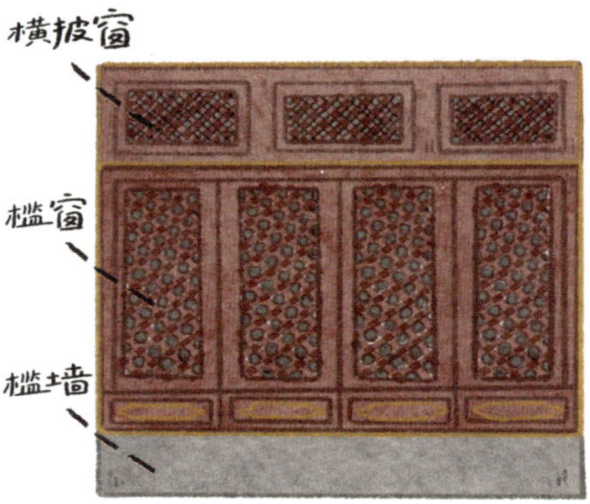

槛窗

支摘窗

在槛窗的上部或两侧加设横披窗或余塞窗。大部分窗扇上有转轴，可以向里或向外打开，它的颜色和花色设计，往往与同组的格扇门和槛窗保持统一和协调。

槛窗一般用于皇家宫殿、庙坛、寺院，普通住宅更常见的是支摘窗。这是一种可以支起和摘下的窗子，一般分为上下两部分，上半部分可以用竹竿或木棍支起打开，下半部分则可以摘下，这就是支摘窗名称的由来。在南方地区，因夏季通风的需要，支窗的面积往往比摘窗部分大。

古代窗格的纹样繁多，有菱花、海棠等植物图案，有龙纹、鱼鳞等动物图案，有万字、井字等字形图案，还有冰裂纹、回云纹等几何图案。这些图案不仅美观，还蕴含着丰富的文化内涵和吉祥寓意。

谢灵运作的《山居赋》中有“罗层崖于户里，列镜澜于窗前”一句，可见，从魏晋南北朝开始，窗的美学价值逐渐突显。窗逐

窗格纹样

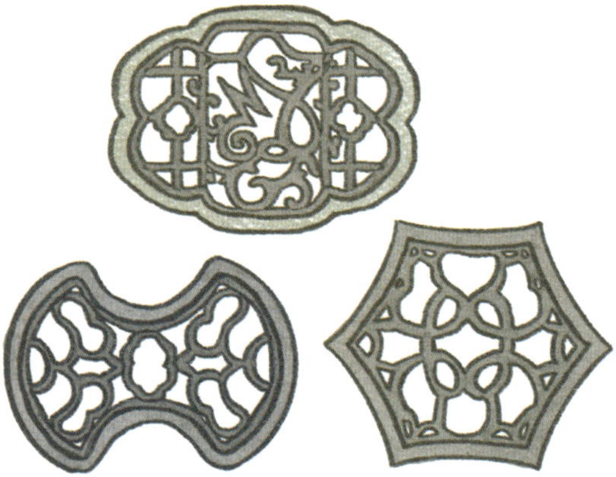

样式多样的漏窗

渐被用于园林建筑中，被开在廊、亭、榭等空间的墙面上。

当我们身处园林建筑中时，在长长的院墙或者走廊边，能够透过各种形状的窗户，看到墙后的景色。这时，景色与窗合起来，构成一幅独特的趣景。这就是漏窗和空窗，它们的作用就是沟通墙内外的风景，制造一种既隔断又相通，既显现又隐藏的中国式美感。当然，这种处在美景之中的窗，自然不会放弃在窗形、雕刻和彩绘上下功夫，让自身也成为一道靓丽的风景。园林中的漏窗和空窗有方、圆、六角、八角、扇面等多种形状，其中，空窗只有窗框，而漏窗中间可以用铁丝、竹片、砖条等材料创造出复杂而美观的图案。

糊窗纸：经济和实用兼顾

现在的窗户，最离不开的就是窗上的玻璃。虽然从晋代开始，皇家宫殿和庙宇已经开始使用多彩华丽的琉璃窗了，但用上完全透明的玻璃窗还是在清代的宫廷中。等玻璃窗普及大大小小的城市、乡镇和农村，已经是20世纪的事了。那么在这之前，人们都是用纸来糊窗户吗？

我们都知道，东汉时期的蔡伦改进了造纸术，但随后很长一段时间里，比起常见的布料，纸是更贵重的奢侈品，只有少数人才用得起。所以，在夏商周到东汉这段漫长的岁月中，多是用麻、绢、丝绸等布料来遮挡窗户，皇室和贵族的窗户上一般蒙着绸布，遇到刮风下雨，外面还要再挡上一层木板保护。普通人家用不起丝绸，就用自己织造的麻布。

古时候，窗上的格子并不是纯粹为了美观，也是为了用木条搭出许多小空间，这样既保证了整个窗户的强韧程度，又为用纱、麻、绢、绸等布料糊窗预留了粘贴面。

我们熟悉的纸窗，是在唐宋时期才开始大范围普及的，因为这个时候纸张得以被大规模生产，价格降到了普通民众可以接受的范围，大家便慢慢开始使用纸来代替之前的布料糊窗户。当然，光是价格便宜还不能奠定纸糊窗户的地位，适用性也是古代人选择材质的主要原则。相比布料，纸张能增加窗户的透光度，使得房间更明亮。但如果纸张容易破裂，它也无法成为糊窗的普遍选择。那有什么方法能提升纸的韧性呢？跟油纸伞的原理一样，用油浸一浸后，纸不仅能更柔韧，还可以防水。在唐宋古籍《白孔六帖》中就有记录："糊窗用桃花纸涂以水油，取其甚明。"

不同地域的气候条件不同，窗户的规格不同，连糊窗户纸的方式也有不同。北方冬季寒冷，窗户要糊多层纸，而且里外两边都糊，中间留出隔层，可以有效地抗风保暖。在南方温暖的地方就只糊里侧，从外侧依然能看到窗棂的花样。当然，窗户纸使用一段时间后难免会破损或者老化，这时就可以撕去旧纸换上新纸，顺便让屋子焕然一新。

除了布和纸，贝壳、云母也能用在窗户上。在玻璃出现之前，古代江南的富户将蚌壳和云母打磨成豆腐干大小、四角略圆的方形薄片，用来制成墙上窗户或屋顶天窗的覆盖物。这样的嵌窗材料就被称为明瓦。明瓦的制作、镶嵌都极为讲究，目前出土的一些明瓦文物厚度都不到一毫米，透明度很高，而且蚌壳表面的弧形纹路依然清晰，甚至另一面还保留着蚌壳内壁上特有的珍珠光彩。想象一下，把它们一块一块地镶嵌于占据大半面墙的格扇门和木格花窗上，是多么费功夫的事情，难怪很多明瓦工程要许多年才能完工。

明瓦还用过一种匪夷所思的材料——羊角。羊角怎么做成透明薄片呢？羊角经过熬制，会生成黏液，凝固后压成薄片，就能制成明瓦，同样的材料做成灯罩便是古代的羊角灯。

宋代时，明瓦在江南地区很受欢迎。南京有条街就叫明瓦廊，是因明代时期明瓦工匠在此聚居而得名。清代，苏州的明瓦行业还组织了联合会，称“明瓦公所”。直到后来，随着玻璃窗的逐渐普及，明瓦行业才就此没落。

梁思成先生在《中国建筑史》中总结过，到了明清时期，很多建筑的正面几乎没有墙了，全部由格扇门和槛窗组成，这就充分发挥了中国古代建筑的墙并非主要用来承重，而是用来划分空间的特点，可以随心所欲地展示门窗的材料和工艺了。

明清时期的门窗极度重视装饰，能工巧匠将精细与聪慧融入设计与制作中，无论是官式建筑还是普通民宅，都竭尽所能地让门面好看。

门窗上的雕刻工艺，此时也达到了登峰造极的水平。一眼看去，只觉得层层叠叠各种图案，令人目不暇接；如果仔细研究，往往会发现其中充满着各种讲究，不仅有阴雕、阳雕、透雕、嵌雕等各种雕刻技法，内容上更是五花八门，有时一扇窗上可以有上百个人物，再配有花草植物、云纹水纹，铺得满满当当却又错落有致。

可以想象，旧时的孩子们生活在这样的门窗之内，浸润在窗格图案所承载的丰富传统文化中，不同朝代的故事、不同图案的寓意，从小便能深入心田了。

清代画家郑板桥就是看见因月色映照而投在纸窗上的竹影，受到启发而画出著名的墨竹。还有受门窗启发，古代诗人留下的那些千古名句："窗含西岭千秋雪，门泊东吴万里船""梦觉隔窗残月尽，五更春鸟满山啼""明月不谙离恨苦，斜光到晓穿朱户"等。窗户对中国人来说，就是长在建筑上的"眼睛"，不仅让人看到窗外的风景，也为建筑赋予了丰富的文化和意趣。

指尖工坊

古人怎么给门上锁？

在原始社会末期，随着生产力的提高，人们开始拥有一些私人财产。这时，人们会将贵重财物包起来，再用绳索将大门牢牢捆缚。而且人们会在绳索的开启处打上特殊的绳结，只能用兽牙或兽骨制成的特殊工具才能挑开。这个工具就叫觿（xī），是像镰刀一样的钩子。如果说，绳结就是锁的雏形，那觿就是钥匙的雏形。

觿

有了门、箱子和柜子之后，锁的需求更旺盛了，制锁技术也在不断成熟。传说中，最早的锁是由鲁班改进的门闩。最早的木闩只能从屋内操作，用门杠在里侧卡住两扇门。这样的构造对防盗的帮助不大，于是鲁班用特殊设计的木条匹配木闩，提高了从外打开木闩的复杂程度，制成了真正意义上的锁。

到了汉代，人们发明了金属锁具——三簧锁，利用两三片板状铜片来达到开关的作用。而且三簧锁的钥匙孔形状多样，有较好的安全性。三簧锁的发明，是中国锁具发展史上的一次飞跃。三簧锁也因其优异的使用效果而被中国人沿用了上千年。

随着朝代的不断更迭，锁具的外观和工艺都得到了提升，到了明清时期更是出现了鸳鸯锁、机关锁等形态各异的锁，充分体现了古代制锁工匠的聪明才智和精湛技艺。

三簧锁

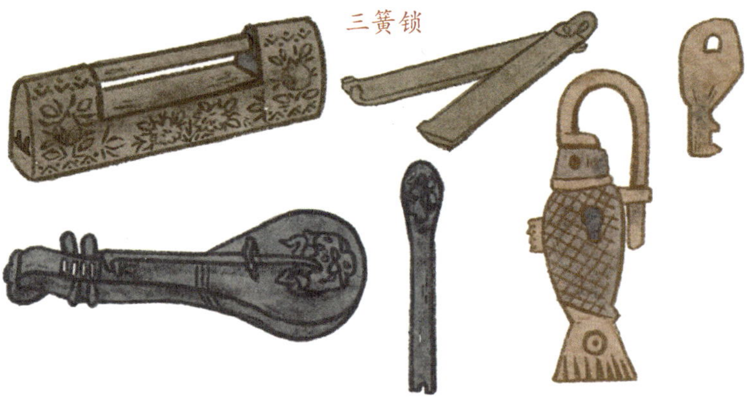

排水工程

精密复杂的地下网络

中国的大部分地区属于季风气候，每年，东南季风都会带来丰沛的降水，南方集中在四至九月，北方集中在七八月。直到今天，在暴雨连连的降雨集中期，很多城市依然要面临积水、洪灾的考验。尤其是在南方的沿海城市，台风带来的狂风、暴雨和巨浪，会对建筑以及城市路面的排水系统带来巨大的挑战。

奇怪的是，像故宫这样的古老建筑，几百年来，即便是罕见的特大暴雨，似乎也没有对它造成过什么伤害，在许多人眼中，雨落在琉璃瓦上，顺着屋檐流下来，反而为平日庄严大气的建筑增添了朦胧与神秘的气氛。而这一切都是源于古人在建造这些建筑的时候，不仅考虑到了等级、功能和华丽的外表，在我们看不见的地方，还布设了科学精密的地面及地下工程，比如排水系统。

利用斜坡与高度差

我们已经知道，经过烧制的瓦片能有效阻挡雨水落入屋内，而由底瓦排成的一条条排水槽，配合着高屋脊、大坡度的屋顶，能让雨水自然而然地顺着滴水件，落到屋檐之下。

落到地面的雨水怎么办呢？当然是想办法让它们尽快汇集起来，再流向别处。这一引导水流自然汇集和流出的高度差，需要在选择建筑地址的时候，甚至在建立一座城镇的时候就提前考虑到。很多村落、城镇坐落在离江河不远并且有一定坡度的地方，是因为这样的地势本身自带排水功能，雨水、山洪都能顺着坡度往下汇集到附近的江河中去。借用这样的地形，大自然就将建筑的排水工作完成了一半。

如果是宫殿、寺庙等由多个独立建筑和院落组成的建筑群，在设计各个建筑底部的台基时，也要考虑高度落差，比如寺庙的正殿要比偏殿高，偏殿要比大门的台基高；四合院的正房台基要比两侧厢房高，等等。这样的设计都是为了形成落差，方便雨水通畅地流

“千龙吐水”场景

向低处。

故宫这样的大型宫殿建筑群，还会在各个宫殿的台基四周，设计多个排水口，由栏杆的底部通向台基外侧的兽首——螭（chī）首。传说中螭是龙的九个孩子之一，特点是嘴大，水性很好。故宫里，仅三大殿三重台基上的螭首就多达1142个，每到下雨的时候，一排排螭首上吻高抬、大口张开，台基上的雨水通过它们嘴里的小洞喷吐而出，形成“千龙吐水”的奇景。

从地势落差来分析，故宫的北门神武门的地平面海拔为46.05米，南门午门的地平面海拔为44.28米，南北相差约2米，故宫内的90多座院落也都遵循着中央高、四周低的原则，所以，千龙吐水排出的水会顺着地势，由北向南流入内金水河，顺河排出宫去。

利用暗道和明沟

如果仅仅是利用高低落差，雨势很大时，雨水层层往下总需要一定时间。但故宫占地面积约72万平方米，几百年来无论怎样大雨倾盆，地面上也很少留下积水，这背后还有很多细节上的设计。

是啊，屋檐落下的水、台基上的水，怎么就顺利地汇合到螭首的排水口了？实际上，故宫的地面上分布着一个个形状像铜钱一样的孔洞，这些孔洞被形象地称为“钱眼”，但在专业上它们叫作沟漏。这些沟漏略低于地面，成为排水系统的进水口，它们下方连接的是一整套地下暗沟系统。地下的小沟由砖石砌成，它们会将收集到的雨水送向下一个排水口。这样听起来，沟漏的功能是不是有点儿像现代城市的井盖？

各种形状的沟漏

与暗沟相搭配的还有明沟，就是地面上直接可见的小沟渠，最常见的是在屋檐下。从屋檐流下的雨水落到地面就顺着明沟流走了，像故宫这样的大型建筑群，它的明沟和暗沟还有干线和支线之分，就像人体的血液系统一样，由表及里，主次分明，保证雨水的高效率排出。

可能你觉得，像血管一样的明沟暗渠已经很复杂了，但这在古代建筑及城市的排水工程里依然只能算一部分，还有一些更加隐秘，但一旦了解便会拍手叫绝的地方。比如古建筑地面铺设的青砖，从表面看并无特别之处，最多看出在铺设时有意带有微小的坡度，但实际上，青砖下部贴地的部分是越来越窄的，整砖呈倒梯形。两块青砖之间表面是紧挨着的，下面却有个三角形的空隙，这样一来，雨水透过接缝处往下渗透时，越往下越开阔顺畅，自然不会在地面多停留。

那么这些水最后到哪里去了呢？这时，我们要跳出单个建筑或者建筑群的范围，从整个城市来看。最理想的状态是，建筑外围有河或者湖，它们又连接着更大的江和河，最终汇入大海。但理想情况可遇而不可求，没有可供疏通的湖和河道时，人们就想办法自己修建。

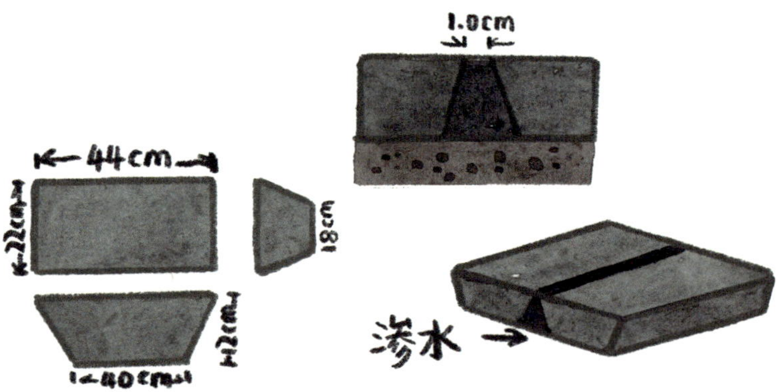

渗水青砖示意

比如，故宫就很奢侈地拥有人工开凿的内金水河和外金水河，内金水河全长约2100米，河道有意设计得曲折蜿蜒，尽量到达各个宫殿，接纳地面地下的流水，如果发生火灾，还能成为灭火水源，一举两得。紫禁城内大小院落，通过院落内的排水沟渠以及地砖缝隙，利用北高南低的地势就近将水输送到地下暗沟，然后流入内金水河，再从东华门南边的水闸流出，与外金水河汇合。

另外一个自带丰富水系的古代建筑群是圆明园，作为园林，水本就是重要的风景，但这不意味着排水系统的设计和施工就更加简单。在留存至今的圆明园文源阁平面图中，可以发现，其中仍有精细排布的细长中空的红色管线，即“暗渠”。

另外一处特别的古建筑是北海公园附近的团城。团城的“城”并不是指城市，而是指城墙。它原先是太液池中的一个小岛，明代时，其东部被填为陆地，清代乾隆年间又经扩建，形成了现在的格局。团城面积不大，但建筑集中，古树茂密，四周由高高的圆形城墙环绕。奇怪的是，整个城墙上看不到任何螭首或其他排水口，地面上也没有排水明沟，但无论下多大的雨，地面都只是被打湿而已，积水很快就会无影无踪。团城的排水秘诀，一半在于上文提到的倒梯形铺地青砖，一半在于地下涵洞。涵洞，是一种可以排水的通道。团城地面有许多分布在古树周围的水眼，就像“井盖”一样，每个水眼下面又有竖井，井与井之间有砖石修砌的涵洞串联，雨水流到这里就变成了一条地下暗河。这里的涵洞并不是为了把水立马排干净，而是带有闸门，增加了蓄水的功

团城渗排系统示意

能。这样，在干旱季节，地面上的树也不会缺水，所以几百年来，这里的古树一直郁郁葱葱、茂密参天。

这样的排水方案放大到整个城市，依然是科学和有效的。古代都城的管理者很聪明，充分利用天然河流、湖泊和洼地，然后再结合人力，规划并开挖人工沟渠和湖泊，共同组成发达的水系。如汉代的都城长安，排水系统就包括护城河、排水用的明渠和暗渠以及郊外的人工湖昆明池。昆明池周围，又通过人工渠道串联起长安附近的天然河流，形成完整的给排水网络。这些明渠暗道是贯穿全城的，豪华的建筑用专门烧制的陶质排水管道，需要节省开支的地方便直接挖地沟。整个网络将宫廷、院落、街道的排水管道汇流后，再通过城墙下2米宽的涵洞排入护城河。

陆游在《老学庵笔记》中的一段描写更是从侧面反映出长安、汴梁这样的古代大城市地下排水管道之发达："京师沟渠极深广，亡命多匿其中……国初至兵兴，常有之，虽才尹不能绝也。"看得出，这简直是一个畅行无阻的地下世界。

指尖工坊

【古代城市怎么处理“便便”？】

现代的城市建筑都配有专业的化粪池，但古代没有这个技术，是怎么处理“便便”的呢？中国人在商周时期就很有卫生意识了。商朝有“弃灰之法”，《韩非子》中有记载：“殷之法，刑弃灰于街者。”可见当时随地扔灰的后果很严重。

中国古代的大城市动辄有数十万甚至上百万人口，却经常让国外来的传教士感到惊讶，他们说杭州西湖“水之清澈令人乐于观赏”，说苏州的水“是淡水，清澈透明，不像威尼斯的水……”实际上，中国人不会乱扔粪便，不仅是因为文明礼仪的约束，还因为粪便在当时是相当重要的农业肥料，可以卖钱。从唐代开始，就出现了以清理垃圾粪便为职业的人。《太平广记》中就有个小故事，说的是河东人裴明礼专心从事废弃物的回收转卖，后来居然积累了万贯家财，成为唐代富商。

可见，古代城乡之间已然形成了完备的“粪便产业链”，有专门人员从城市里回收后再运到乡村出售。

标准与流程

古建筑的工程管理

通过前面的内容，我们了解到，中国古代建筑是一个非常复杂的工程，用到的材料包括土、石、木、砖、瓦、漆、金、银、纸等不下百种，相对应的，需要的技术工人也要十几种。跟现代建筑工程一样，只有通过对材料和工人的有效管理，对各项工事和工期的合理安排和调度，才能实现“万丈高楼平地起”的建筑奇迹。

古代是没有“设计师”和“工头”这样明确的职业的，但每项建筑工程都会有人来担当这样的职责，大型的宫廷建筑可能是皇帝指派的专门负责营造的官员。比如，东汉末年，曹操在还没有主政之前，就看中了邺城这个地方，打算以此作为政治和军事上的根据地。在占领邺城的当年，曹操便着手改建邺城，《魏都赋》中有记载：“修其郛（fú）郭，缮其城隍。经始之制，牢笼百田……”慢慢地，邺城变成了“东西七里，南北五里”的大城市。此外，曹操还在邺城的西北部开凿了人工湖玄武池，在附近筑起了包括著名的铜雀台在内的“邺三台”。

中国各个朝代的帝王都有一颗营建都城、修建宫殿的心，以此彰显王权和盛世，所以在朝廷的行政机构中，从来不缺少负责工程的部门。早在商朝，就有管理手工业者及其生产的工官。周朝设有掌管水利、营造之事的司空。《周礼》中还记载了有关建筑工程的官职，如主管建造城邑的封人，主管规划道路、市场和旅舍的遗人，主管井田水渠和道路建设的遂人，主管道路工程的司险，主管苑囿的囿人，主管陵墓工程的冢人，主管都城和城邑规划以及军营建设的量人，主管测量的土方氏，等等。而且，不论是《周礼·考工礼》还是宋代的《营造法式》，其中都有关于工程分工、施工技术与流程的规定。到了明朝，对于工程的管理已经细化到各处，发展到了非常成熟的水平：工部设营缮所，内府又有营造司，另有总理工程处，仅内府营造司掌握土作、木作、石作等十作及十多处材料场库。

虽然各个朝代的建筑思想、技术水平和流行样式会略微有些不同，但在中国古代，建筑大权牢牢地把握在官府手上，具体的修建样式、规模、用色、用料和技术运用都有着严格的等级制度，由官方提前规定好，全国统一执行，这也就导致中国建筑其实是有着几千年的历史传统和统一的结构特征的。

如果是建造民居，自然没有官府那么声势浩大，程序上也没有那么复杂，靠的是上千年传承下来的经验，这个经验在一代代手艺师傅中流传。

在宋代文学家苏轼创作的《思治论》中，有这样一段："今夫富人之营宫室也，必先料其赀材之丰约，以制宫室之大小，既内决于心，然后择工之良者而用一人焉。必告之曰：'吾将为屋若干，度用材几何？役夫几人？几日而成？土石竹苇，吾于何取之？'其工之良者必告之曰：‘某所有木，某所有石，用财役夫若干，某日而成。’主人率以听焉。及期而成，既成而不失当，则规摹之先定也。”大概意思是，民间比较富裕的人家在建造房子之前，先根据自己的财富情况来决定房子的大小，然后再选一个良工，即善于建造房子的人来咨询，如果想造这么几间屋需要用多少材料？用多少人工？花费多少天？土石、木材、芦苇这些建筑材料哪里能弄到？工匠会告诉他哪里有木材，哪里有石材，需要多少人工，需要多少天。然后主人听从这位工匠的话，按定好的规矩按部就班，房屋便能按期完成。这个“工之良者”，其实就是总工程师，一个人成承担了设计、预算、组织施工等各种职能。

在农村，盖房子是一件大事，除了请上几位专业的工匠，往往是一家建房，全村出动来做帮工，甚至远方的亲戚也会来帮忙。这是个漫长的过程，柱子和梁架等木材往往需要提前几个月砍好，等干燥后运到工地备用。房屋的位置、大门和窗户的方向，也需要事先设计好。建造的一般流程是：木匠用墨斗画线，定好每间房的户型、边长、尺寸；石匠按尺寸铺筑地基，再由木匠搭梁架；泥匠砌筑墙体并留好门窗的洞口后，在屋顶铺瓦；最后再逐步完善细节。

这样兴师动众盖起来的房子，往往要供几代人居住。随着子孙繁衍，新房周围又要盖新房。同样的，邻居或者亲戚家要盖房子，家中的劳动力也是要过去帮忙的，这样，一个人总有几次参与造房子的经历，所以无须看书专门学习，通过这些经验就能积累一些基本的建筑常识。

相比盖房子，官府主持的大型工程就需要大量的职业工匠来完成了。自从有皇权和国家的概念，政府就像需要军队一样需要工匠，比如，秦始皇修建长城时，动用了约30万劳动力，据说占当时全国男性人口的十分之一。这意味着，工匠也需要一套明晰的管理制度。

距今七八千年前的原始社会末期，一部分擅长手工的人从农业里分离出来，成为专职人员，这便是第一次社会大分工。最早的手工艺专著《周礼·考工记》，就将社会职业分为六种：王公、士大夫、百工、商旅、农夫与妇功，其中，百工就是指各种各样的手工业者，所谓“国有六职，百工与居一焉”。

从元代开始，统治者开始以职业划分户种，各种职工均要向官府提供不同的劳役。工匠在户籍上自成一类，主要从事营造、纺织、兵器等手工业。明代时，沿袭了上述匠户制度，人户被分为民户、军户和匠户三等，匠户要世代传承，很难脱离原籍，只有参加科举考试来改变命运。这一制度到清代顺治年间才得以废止。

所以，那段时间里，官府的大型工程可以召集的工匠大概分为三类：第一类就是在籍的匠户，他们必须按时赴役或常驻官府随时听候差遣；第二类是国家和政府按需征用，各家各户按要求出人口充当力工，完工可回家获得自由；第三类是刑徒或奴隶，罪犯服刑期间，是要在各种工地干活的。在修建超大型建筑，如长城、皇家宫殿和陵墓时，还要调用军队里的军匠。

从事建筑的匠人，在历史的发展过程中，也慢慢有了自己的职业名称。一开始统称为水木作，其中砌墙粉刷的泥工称为“水作”，建造木构架、做门窗的木工称“木作”。到了宋代的《营造法式》中，又细分为13个工种：壕寨、石作、大木作、小木作、雕作、旋作、锯作、竹作、瓦作、泥作、彩画作、砖作、窑作。

可以想象，没有大吊车，也没有来来往往的运输车，更没有打桩机、搅拌机轰鸣的古代建筑工地上，工人在木架间穿梭，进行着夯土、搭木、铺瓦、上漆、彩绘这样的原始手工劳作。在工程的每一个环节，工匠们都力求遵循章法。他们对于工作要达到的标准，远远比现代人要清晰。

这种标准是怎么建立的呢？首先官方会对工程的各个环节制定详细的标准，然后委派各个层级的人负责监督。如果验收时发现不符合标准，那么干活的工匠和负责监督的官员都会受到严厉惩罚。

关于建筑标准，我们可以在宋代的《营造法式》、清朝工部的《工

八大作

程做法则例》等关于工程的专项法令中寻找详细的规定：不同阶层、各类建筑的规模和形式，不同规模的建筑要用到的材料额度，要如何设计和执行，每项工作要用到的工人数量以及花费的时间等。例如，工人的工时是有冬夏两套标准的，夏天工作时间就要比冬天久。

这些全国上下都可以参照的制度保证了建筑的质量和施工速度，虽然每个项目的具体负责人和施工人不一样，但同一时期内，仿佛全国有一个总设计师，在背后统一指挥着。

在具体的建筑项目开始前，从便于施工的角度出发，中国古代很早就采用了绘制设计图和制作模型的方法。汉代之后，制定“建筑设计图样”和“说明文件”已经是大型建筑计划不可缺少的事项了。

考古发现的最古老的建筑设计平面图，是在河北平山发现的一幅战国时期的陵园设计图——兆域图，这幅图不是画在纸上，而是刻在铜板上，上面的线条是用金银线镶嵌出来的，可以看出有墙垣、王陵、后陵，并且标明了距离、尺度等数字。

根据实际需要，在设计阶段除了要完成平面图、方案图，一些构造复杂的工程还需要绘制局部或细部图，如木构件的雕刻、彩画、瓦作、石作等。这类图样要求比例准确、线条清晰，常以墨线为主，辅以彩色。如遇彩画，也会用上金粉和矿石颜料。

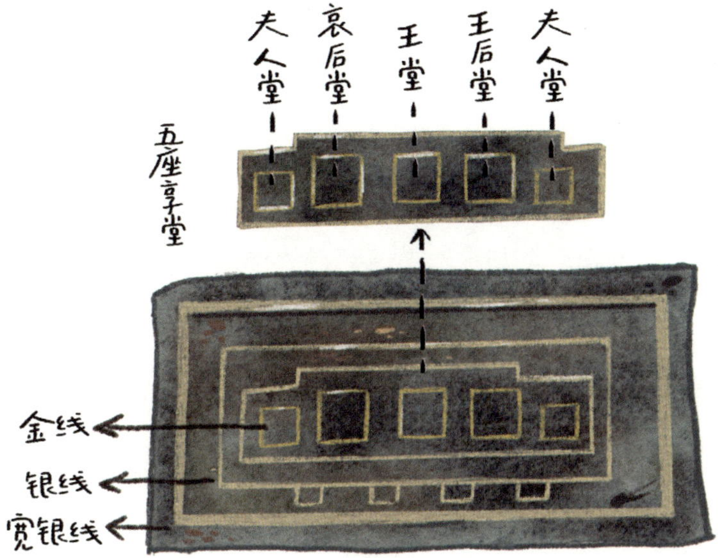

兆域图

绘好平面图之后，再进一步就是建模型了。当人们掌握了建筑的建模技术后，材料的用量和各个工种的劳动量都可以估算出来，能实现对工程的经济预算、核算和管理，令建筑施工更加顺利和高效。到了明代，建筑设计系统更加完备，官府工程都由专门的建筑设计机构——工部营缮所负责设计和规划。清代进一步设立了算房和样房两个部门，算房负责工料预算和估价，样房负责设计草图和绘制有比例的施工图，并且制作模型。当时的模型被称为"烫样"，用硬纸制作，不仅表现了外形，还可以拆开来显示内部结构。

关于烫样，清代出现了历史闻名的传奇家族“样式雷”。才艺出众的匠人雷发达和他的七代子孙曾先后掌管清政府的样房，在200多年间，皇室的大型工程如圆明园、清漪园、热河行宫、昌陵、惠陵等建筑的规划设计都出自这个家族之手。雷氏家族做的烫样模型，现在故宫博物院、北京图书馆还存有不少样品。它们是用彩色硬纸板或木材做成的，从外墙、庭院到房间内部的结构、陈设，甚至连地下宫殿的隧道、地室、石床、门都按比例缩小后精确制作，掀开模型的外壳（屋顶），内部的布置一样都不少，某些部件还能够拆卸，便于观看具体结构。有了这样详细的模型，工匠就像有了最清晰的

烫样

指导说明书，干起活来有条不紊。

详细的设计图和模型、强有力的官方管理，都是为了建筑完工那一刻，能呈现最完美的模样。尤其是皇家建筑，对质量的要求非常严苛，如制灰工序，石灰膏与细黏土要掺均匀，肉眼不能看出白灰点来，铺平拍打后要足够密实；对于瓦的检测，先敲击听声音，一块一块地检验，然后再试水观察吸水情况；对于砌瓦，铺得整不整齐要用线来验证，而且每单位面积里铺砌的块数都要严格控制。万一不符合标准，负责制作和施工的匠人甚至有性命之忧。这样的方法让中国古代的工匠们养成了一个习惯，无论建造什么建筑，做什么手艺活，都不能置身事外，做得好不好不仅关乎名誉，而且关乎性命，只能加倍小心、处处用心。正是因为这样，中国人才造出了那么多建筑奇迹。

千百年来，中国匠人继承着丰富的建筑知识与技术，凭借自己对美学的深刻理解，运用土、木、砖、石等简朴的材料，建造出令世界惊叹的宏伟宫殿、庙宇、园林以及传统民居，为世界留下了宝贵的文化遗产。

指尖工坊

古建筑营建笔记

古代建筑营建的基本流程可以简单归纳为下面几个流程：

1. 打地基，搬运柱石。按照房屋格局，定位柱石位置。

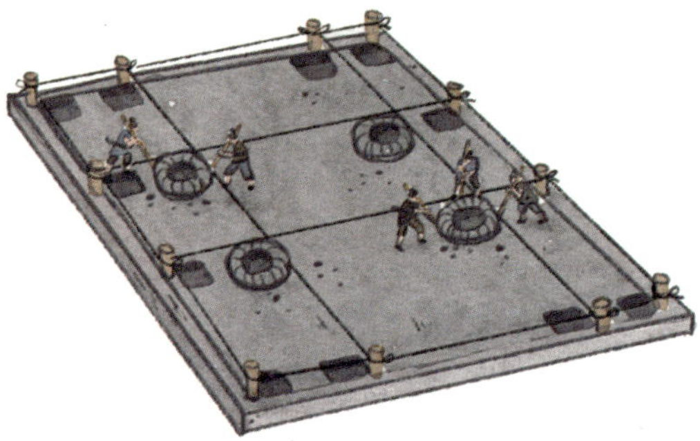

2. 进山伐木，挑选柱子木材。固定尺寸，对木材进行加工。

3. 立柱上梁，搭建主要结构。

4. 制作斗拱大样。加工梁托，雕刻纹饰。拼接斗拱上部结构，完成斗拱。

5. 完成房屋大木架和屋顶结构的构造。

6. 完成瓦片的烧制、铺设。

7. 建造木骨泥墙或者垒砌砖墙。

8. 完成房屋外部护栏，铺设台基。

9. 室内外彩绘及墙面修饰工作。